U0067661

進階篇

策略精論

感謝您購買旗標書,
記得到旗標網站
www.flag.com.tw
更多的加值內容等著您…

- FB 官方粉絲專頁: 旗標知識講堂
- 旗標「線上購買」專區: 您不用出門就可選購旗標書!
- 如您對本書內容有不明瞭或建議改進之處, 請連上旗標網站, 點選首頁的 聯絡我們 專區。

若需線上即時詢問問題，可點選旗標官方粉絲專頁留言詢問, 小編客服隨時待命, 盡速回覆。

若是寄信聯絡旗標客服emaill, 我們收到您的訊息後, 將由專業客服人員為您解答。

我們所提供的售後服務範圍僅限於書籍本身或內容表達不清楚的地方, 至於軟硬體的問題, 請直接連絡廠商。

學生團體　訂購專線：(02)2396-3257 轉 362
　　　　　傳真專線：(02)2321-2545

經銷商　　服務專線：(02)2396-3257 轉 331
　　　　　將派專人拜訪
　　　　　傳真專線：(02)2321-2545

國家圖書館出版品預行編目資料

策略精論・進階篇 / 湯明哲 著.
-- 臺北市 : 旗標, 2011.06　面； 公分

ISBN 978-957-442-952-3(平裝)

1. 策略管理 2. 企業管理

494.1　　100008326

作　　者／湯明哲
發 行 所／旗標科技股份有限公司
　　　　　台北市杭州南路一段15-1號19樓
電　　話／(02)2396-3257(代表號)
傳　　真／(02)2321-2545
劃撥帳號／1332727-9
帳　　戶／旗標科技股份有限公司
監　　督／孫立德
執行企劃／李依蒔
執行編輯／李依蒔
美術編輯／薛榮貴・薛詩盈・張家騰
封面照片攝影人／楊文財
封面設計／古鴻杰
校　　對／湯明哲・黃明璋・李依蒔

新台幣售價：390 元
西元 2019 年 1 月 初版 10 刷
行政院新聞局核准登記-局版台業字第 4512 號
ISBN 978-957-442-952-3

關於作者

湯明哲教授為美國麻省理工史隆學院（MIT Sloan School）管理博士，專攻策略管理。

曾任教於美國伊利諾大學香檳校區（University of Illinois at Urbana-Champaign）（1985年～1995年），並於1991年獲終身教職（tenure）。1994年任教香港科技大學，於1995年返國擔任長庚管理學院工管系系主任，1996年轉赴台大國企系任教並擔任台大管理學院EMBA第一任執行長。目前擔任台灣大學副校長及聯發科技獨立董事。

湯教授的研究專長為

（1）產業分析，尤見長於競爭之科技創新

（2）進入國際市場之策略

（3）科技與策略之互動

（4）銀行業之資訊不對稱性與道德危險等問題。

曾數度獲選為伊利諾大學及台灣大學優良教師，在教授高階主管課程及擔任企業顧問上，有十分豐富的經驗，並曾接受邀請赴南京、上海、武漢、廣州、北京等地講學。

作者序

大策略小策略

策略精論下冊延遲許久才出書，對於上冊讀者很抱歉，個人行政事務繁忙是其中之一，最大的原因是最近十年的變動對於策略思惟有極大的影響，幾乎常常要更新內容，但更新永無止境，因此決定就以此一版本出書。

去年和張忠謀董事長對談時，張董事長不經意提出大策略、小策略的概念，我的理解是大策略就是公司的願景、使命、定位、以及建構核心競爭力，這些是策略形成的基本工夫，但執行大策略時，企業還要決定如何競爭，要不要降價？要不要進行併購？等等的策略要執行，因此大策略需要小策略的配合，換言之，小策略是在大策略的框架下所衍伸的策略。上冊討論的是大策略，下冊討論的是小策略。

大策略要有高度，策略的高度指的是在芸芸眾說的未來變化中，能有獨到的見解，看到其他人看不到的的趨勢，例如人人都知道摩爾定律（晶片上電晶體的密度每十八個月增加一倍），但台積電的張董事長看到摩爾定律發展下，電晶體密度越高，製造電晶體的設備一定越來越貴，小的晶片設計公司當無法存活，因此而衍生出晶圓代工的經營模式。這麼多人都知道摩爾定律，只有有策略高度的CEO能看到公司獨特的利基和定位。

傳統策略形成的過程是上冊提到的SWOT分析，但SWOT常常落入人云亦云的策略，要導出有洞見的SWOT分析要有高度看到策略終局，策略終局意指五年或十年後市場的競爭生態的變化，例如產業集中度的增加，家電的通路只會有兩三家公司存活，汽車業在航空業未來也只會有少數公司主導市場，再不然就是需求、技術、社會的變化，例如大陸的醫療市場在2018年實施全民健保，一定需要引進民間資金參與投資，網路購物一定會超過實體商店的規模等等，大策略看到未來十年的策略終局，能正確看出策略終局的公司至少可以落於不敗之地，能否贏過對手，要看策略的段數和執行力。

根基於上冊的基本概念，下冊介紹較為複雜的小策略協助大策略的執行，例如垂直整合、購併、國際化、知識管理、技術和網路策略。這些策略的形成要以經濟分析為基礎，而且是管理高度困難的策略，都是管理的挑戰。

以前筆者在美國教書時，對於這些策略沒有想清楚，盲目的引用研究文獻，教美國學生不要多角化、不要垂直整合、不要國際化、不要購併，因為研究文獻顯示這些策略的失敗率超過百分之五十，但十五年前，回到亞洲後，近十年的反思，發現以前真的是教錯了，這些策略都是執行上困難的策略，但成功的公司都會執行這些策略，因此不能因為失敗率高就不採行這些策略，而是要學會如何執行這些策略。現在想起來，以前年少，雖有博士學位但思想不夠成熟，誤了美國人子弟。

事實上，公司策略的形成和執行是高段的管理，大策略是粗放的管理，當企業的管理從粗放走到精緻時，就需要好好盤算如何進行小策略的配合。下冊介紹九個小策略，每個小策略都是非常複雜的決策過程，所以策略管理是高段的管理。

但不要小看這些小策略，有些小策略的成功會成為策略突破點(strategic breakthrough point)，亦即某些小策略執行成功，企業就有如打通任督二脈，創造出企業未來成長茁壯的契機。例如捷安特在1984就亟思從自行車代工轉型，決定在材料技術上突破，研發出碳纖維自行車，然後推銷給歐洲自行車賽車選手使用，賽車選手使用捷安特碳纖維自行車屢獲大獎，捷安特順勢而為在歐洲創出品牌，從此踏上自有品牌的坦途，捷安特的技術策略就成為其策略突破點。富邦集團經過購併台北銀行，ING人壽保險業務，很快成為國內前幾名的金融集團。成功的購併策略就成了富邦的策略突破點。鴻海建立以客戶為主的事業部組織，加上優越的製造能力，獲得惠普和蘋果的訂單，再隨著這兩家公司成長。大訂單也是策略突破點。

經營管理也有段數之分。大策略加小策略的組成非常複雜，要苦思才能將所有的細節想清楚，也是高段的管理。筆者試著管理分高段和低段。

一段的管理就是初級的管理，也就是「目視」（eyeball）管理，當公司小的時侯，管理者透過個人的巡視與監督，指導各個員工的行為、規劃、任用、績效評估，全是個人作業。

二段的管理牽涉到設備投資，在物質缺乏時代，能買到機器生產即能獲利，不須複雜的管理機能，可以說是 turnkey 管理。

三段的管理在生產上有所突破，能夠大量生產，不過基本上還是以單一產品為主。價格和成本是主要競爭武器。

四段的管理是在生產上持續精進，除了發揮經濟規模外，在生產上在錙銖必較，一滴一點全面降低成本。

五段的管理是除了成本控制外，再加上品質的控制，存貨制度也加以改善，能夠達到及時供貨系統（JIT）。當然，公司的規模大到某個程度，管理的複雜度增加，必須靠標準作業程序來作經營管理。管理資訊系統也要上軌道，人治的色彩儘量降低。

六段的管理是在成本已經降低的條件下，從事新產品的發展，增加研發的附加價值。不僅如此，六段的管理還從事以時間為主的競爭。產品比新和比快。

七段的管理是創造行銷上的附加價值，不再以價格作為唯一的競爭武器，而能以品牌及行銷手段賺取更高的利潤。對於顧客有更深度的了解，建立顧客關係管理系統（CRM）。同時將競爭優勢移轉到其他國家，成為國際化的公司。

八段的管理是創造新的策略定位，例如成為價值整合商（Value Integrator），或在價值鏈上進行跳蛙策略，直接訴求消費者。

九段的管理就是將各功能部門最進步的做法融而為一。策略上有策略創新，行銷上建立資料庫行銷，有深度的customer insight，從而建立獨特的品牌定位，生產上達到六個標準差，研發上有大量專利牆的保護核心科技，而且做到公司內部創業機制（Entrapreneurship），最重要的是有獨特的公司文化，以公司的願景激發員工工作熱忱，以工作環境而不是金錢作為主要的激勵手段。管理能力上能夠勝任一系列購併的策略和整合的工作。

就如同圍棋的段數，管理能力三段的企業，只能賺三段的錢，而且，最重要的是：三個三段的棋士打不過一個九段的棋士。

管理的段數不是一蹴可幾的，必須靠著時間逐步發展，台灣的公司在過去的經濟發展中，逐漸從粗放的管理走向精緻的管理，在生產上，台灣公司，尤其是電子業，比世界大廠有過之而無不及，但在品牌、國際化、研發、人事管理和財務管理，離世界水準，還有一段距離，做到八九段管理的公司仍屬少數。

本書付梓之前，回顧這二十幾年的教書生涯，結論是：

策略靠苦思
執行靠用心

湯明哲（本文作者為台灣大學
國際企業學系教授兼台大副校長）

目 錄

第三章 購併策略

第四章 資訊科技策略

第五章 垂直整合的策略

第六章 國際化策略

第七章 技術策略

第八章 知識管理策略

第九章 策略執行力

策略精論

進階篇

第一章

賽局理論和競爭策略

一. 何謂賽局理論

二. 囚犯困境的應用

三. 依序賽局下的策略考量

四. 賽局理論和長期競爭策略

五. 賽局理論和競爭態勢

六. 賽局理論的問題

七. 結論

* 理性的非理性行為

莎翁名劇中哈姆雷特的名言：「To be, or not to be：that is the question」，對應到競爭策略則是「To compete, or not to compete：that is the question」。

傳統策略理論最大的缺失，是並未考量競爭者的反應。其中最顯明的例子，是波特教授提出的三個基本策略（Generic strategies）：成本領導、差異化、和集中。

傳統策略理論最大的缺失，是並未考量競爭者的反應。

如果產業中的所有企業，全部採用成本領導的策略，企業為了降低成本，紛紛追求規模經濟而擴大規模，當其他競爭者同時追求產能擴張時，結果便會造成產業的超額產能，於是價格競爭日趨激烈，產生割喉（cut throat）競爭的現象，最後對全體產業造成大幅度的虧損，台灣的資訊業，便常常發生這樣血淋淋的事件。主要原因在於產業結構上，通路被規模大的買主掌握。

台灣的資訊業者，在Dell、HP大型買主的主導下，紛紛擴大規模，以求降低成本，價格割喉戰比比皆是。能夠在價格戰中存活的，只有寥寥幾家。因此若不考慮對手的反應，只以擴大規模、盲目採取追求成本的領導策略，反而會造成雙輸的結局。當然，這也得審視成本領導策略是如何執行、達成的。如果成本領導是以擴大規模的方式達成，對手可以輕易模仿，這樣一來，並無法創造長久的競爭優勢；若是以台塑滴滴點點「積沙成塔」的方式來降低成本達到成本領導的地位，因對手無法仿效，較不容易陷入價格戰的局面，因此策略決策，一定要考慮到競爭對手的反擊決策。

不考慮對手的可能反應，所擬定出的策略，無異閉門造車，結果就會釀成毀滅性的競爭。

以SWOT分析（見《基礎篇》62-65頁）為例，SWOT分析認為，企業的策略要適合產業中的機會，規避產業趨勢造成的威脅。但是大多數的廠商，對於產業中的機會和威脅都耳熟能詳，於是SWOT分析反而形成了一窩蜂的投資現象，大家都採用同樣的策略。國內的葡式蛋塔、掃描器、DRAM等風潮，均是SWOT造就出來的產物，結果卻造成虧損不貲。因此不考慮對手的可能反應，所擬定出的策略，無異閉門造車，結果就會釀成毀滅性的競爭。

對寡佔的產業尤其要特別考量對手的反擊策略，因為寡佔的行業（例如報紙業）只有少數競爭者，競爭者A的策略，會直接影響到競爭者B的策略，像這樣策略的彼此影響，形成策略上的相互依存度（interdependency）高，所以務必要將對手可能的對應策略，列入形成競爭策略的考慮。

比如戴爾電腦（Dell）董事長旁有個辦公室，專門聘雇曾任職競爭者的主管，然後負責研擬並企劃「競爭對手」（例如惠普）的策略，提供戴爾作為競爭策略的參考。由此可見，研擬對手可能回應的策略是十分重要的事。

將對手策略列入考慮，然後再形成本身的策略，就是上冊提到競爭策略的第三個要件：競爭態勢。競爭態勢指的是和對手競爭的強度。競爭態勢決定了企業競爭的手段，和激烈的程度。如果企業決定和對手激烈競爭，價格只須高於變動成本，先於對手擴張產能，直到滿足市場上的所有需求量，儘量不讓對手有擴充產能的空間。在廣告方面，採取說服式廣告（persuasive advertisement），以攻擊對手產品的弱點為目標，積極爭取對手的客戶；在執行方面，禮聘對手的人才；在專利方面，窮追猛打；在法律上，制約對手的發展空間，對客戶防守得滴水不漏，絕對反擊對手任何進攻的措施；在價格上，

競爭態勢的選擇，奠基於競爭優勢上。

採取經驗曲線定價策略；在價值鏈上，採取鎖喉策略（foreclosure）（見本書第五章），絕不留對手存活空間。

反之，如果企業要採取合作的策略，在定價、產能、客戶折扣、服務、地理區域的擴充，均保留對手的獲利空間。當然，企業也可以選擇在價格方面不競爭，而在其他方面例如服務，品質，等方面激烈競爭。

由於企業決策環環相扣的特性，競爭態勢決定了企業其他的決策，在決策階層上，屬於高層次的決策，因此競爭態勢是重要的競爭策略要件之一。企業可能有同樣的策略定位，同樣的差異化基礎，但是競爭態勢不同，策略的決策也不同。

競爭態勢的選擇，奠基於競爭優勢上，沒有競爭優勢，策略就沒有發揮的空間。只能精進（do better），跟著產業行規，從基本動作做起，發展競爭優勢。

要考慮對手的對應策略，進而形成本身的競爭態勢並不容易，賽局理論（Game theory）可以提供思考邏輯的架構。雖然賽局理論不容易了解，但只要有耐心，還是可以精通其理。

一、何謂賽局理論

賽局理論描述的是競爭情境，在賽局中有對手（players），這個對手通常就是參與競爭的廠商。每個對手均有策略選項（如：高價，還是低價策略），根據每個對手的策略，產生報酬矩陣（payoff matrix）。報酬矩陣是在不同的策略組合（如：雙方都採高價策略）中，對手所獲得的報酬。各個對手再根據報酬矩陣，決定採取的策略以追求最高報酬。簡單的賽局理論應用，是囚犯困境（prisoners' dilemma）。事實上，囚犯困境會反映出策略上決策的兩難。

囚犯困境會反映出策略上決策的兩難。

囚犯困境描述的是，面對兩個被逮捕的，殺人嫌疑犯的決策情境。兩嫌犯的策略選擇只有招供或不招供。在警方的訊問下，如果其中一人招供，另一人不招供，招供的一方，可以赦免其罪，不招供的被判處死刑；如果雙方都招供，雙方均判處無期徒刑；如果雙方都不招供，警方又找不到任何證據，雙方均可無罪釋放。報酬矩陣的關係圖如下：

		囚犯乙	
		招供	不招供
囚犯甲	招供	第二項 （甲/無期，乙/無期）	第四項 （甲/釋放，乙/死刑）
	不招供	第一項 （甲/死刑，乙/釋放）	第三項 （甲/釋放，乙/釋放）

報酬矩陣中，第一欄是甲採取策略的報酬，第二欄是乙採取策略的報酬。

例如：甲不招而乙招。對甲和乙的報酬為：甲處死刑，乙被釋放，在報酬矩陣上是（死刑，釋放）。

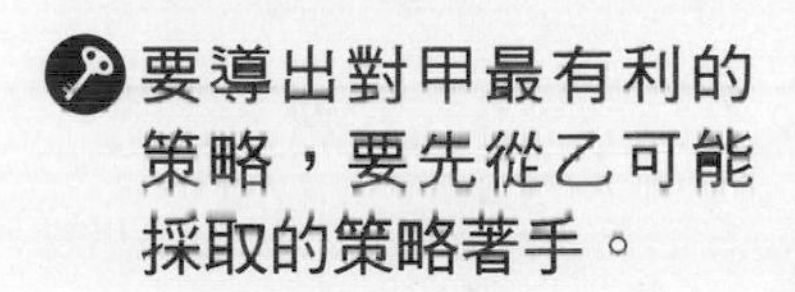

根據報酬矩陣，甲和乙可以導出對自己最有利的策略。要導出對甲最有利的策略，要先從乙可能採取的策略著手。

如果乙採取「招供」的策略，甲的選擇有招供或不招供。甲招供的話，會面臨無期徒刑；但若不招供的話，則為死刑。甲面對的是（無期）或（死刑），也就是報酬矩陣第一項或第二項的報酬。對於無期徒刑或死刑的選擇，甲當然選擇以「招供」方式，換取無期徒刑是較明智的。

如果情況是：乙選擇「不招供」。甲就可以有較大的空間，選擇招供或不招供。換言之，只要乙不招供，甲招供或不招供，都可以被「釋放」。兩個策略的報酬是一樣的。

就前所述，既然甲「招供」是對付乙「招供」所採取的最佳策略，而只要乙採取「不招供」策略，甲招供與否均不受影響。因此，甲面對以上報酬矩陣，無論乙採取什麼策略，甲的最佳策略應該要「招供」。

這種，無論對手採取什麼樣的策略，我方都必須採取的策略叫做「主導策略」（dominant strategy），主導策略只有一個，但並不是所有的賽局都有主導策略。

無論對手採取什麼樣的策略，我方都必須採取的策略叫做「主導策略」。

在現實社會中，共犯並不會輕易招供，這是因為報酬矩陣和上述有所不同，即使招供，也會被酌量判刑（例如十年），並不會無罪釋放，因此報酬矩陣如下表所示：

		囚犯乙	
		招供	不招供
囚犯甲	招供	第二項 （甲/十年，乙/十年）	第四項 （甲/十年，乙/死刑）
	不招供	第一項 （甲/死刑，乙/十年）	第三項 （甲/釋放，乙/釋放）

如果乙採取的是「不招供」策略，甲所面對的，是第三項、第四項的十年或釋放的結果，當然釋放會比十年徒刑要好。所以在乙「不招供」的策略下，甲的策略是「不招供」；但是在乙「招供」的策略下，甲的最佳策略還是「招供」。所以甲的策略，會因為乙的策略而牽動，絕對「招供」就不再是主導策略。

二、囚犯困境的應用

應用一：窩裡反條款

偵查集體犯罪時，如果嫌疑犯集團中，有人願意出來認罪，並咬出其他共犯的犯罪事實，對於檢方辦案有莫大的助力。例如在貪污的案件中，證據不易收集。行賄的一方和收賄的官員，沒有人願意承認賄賂的事實，因為任何一方招供，就表示罪行成立，既有犯罪事實，自然要服刑，不招反而會沒事。為了解決這個邏輯上的問題，法律上就設置了「窩裡反條款」：首先認罪的可以減刑。由上面囚犯困境的分析，可以得知，要得到共犯的招供，必須要讓認罪的一方無罪開釋（或刑期極低），否則無人願意認罪。例如在上面案例中，將「十年」 的刑期改為「釋放」，主導策略變成招供，窩裡反條款就是運用了賽局理論的原理。

應用二：期末同儕評鑑

筆者教書時，經常鼓勵學生彼此學習，因此學期初將學生分成學習小組，共同繳交作業及個案報告，共同評分，然而全組得到同樣的分數，其間必定會有搭便車

（Free rider）的行為。為了要防範搭便車的行為，在期末考的試卷中，會出題要求每位同學，評估該學習小組其他組員對團隊的貢獻，當學生在考場要評估其他同學時，形同將同組學生置於囚犯困境，貢獻不足的學生若「不招供」，仍然將自己的貢獻評估得很高，但其他同組學生不一定會幫他掩飾搭便車的行為，如果其他同組學生對其評估偏低，貢獻低又不招供的學生，馬上會露出馬腳，結果則是喪失更多分數，其他組員會幫他掩飾搭便車的行為嗎？從賽局理論而言，其他同學到了學期末，已經沒有誘因替不用功的同學掩飾（但書是，評估結果嚴格保密），因此大家都會「招供」，誠實寫出各個組員的貢獻。教書十數年來，此招屢試不爽，年年都令搭便車的學生現出原形。

應用三：囚犯困境在購併價格上的應用

在美國有一次大型購併案中，出價的廠商設計出巧妙的價格機制，將目標公司股東，陷入囚犯困境中，得以降低購併價格。

A公司為購併廠商，B公司為目標廠商。為了簡化問題，我們假設B公司現有的股票價格為一〇〇，A公司提出的收購條件如下：A公司提出兩段價格，向B公司股東收購B公司股票，如果只有少於50%的B公司股東，願意將股票賣給A公司，A公司將付每股105元購買；如果有高於50%的B公司股東，願意出售股票給A公司，A公司的價格將視購得的股數決定。如果有X% B公司股票願意出售，而X＞50，每股價格可由下列公式決定：

$$P=105*50/X+90*(X-50)/X$$

如果B公司的股東百分之百願意將股份賣給A公司，則X為100，由上述公式可得，A公司只付每股97.5元給B公司的股東。

如果有超過50%的B公司的股票，賣給A公司，A公司有絕對控制權，可以將B公司下市，只需付給B公司小股東「公平」價格。依美國法律，一股90元可以視為「公平」價格。

如果B公司只有不到50%的股票，願意賣給A公司，A公司沒有控制權，B公司的股票價格則在收購後還是100元。

在上述複雜的設計下，B公司的股東陷入囚犯困境。B公司股東的策略究竟是賣或不賣？每一個股東必須和其他股東一起互動，B公司股東甲的報酬矩陣如下：

其他股東

股東甲		賣	不賣
	賣	第一項 （甲/97.5，其他/97.5）	第四項 （甲/105，其他/100）
	不賣	第二項 （甲/90，其他/97.5）	第三項 （甲/100，其他/100）

如表第一項，股東甲和其他股東，都將股票賣給A公司，根據上列公式，所有股東只拿到97.5元；如表第四項，只有股東甲賣給A公司，其他股東不賣，由於A公司並沒有買到超過50%的股票，股東甲得到105元，B公司仍然上市，股價仍為100元；如表第二項，股東甲不賣，其他股東都賣給A公司，A公司可以將B公司下市，股東甲只拿到90元；如表第三項，若B公司股東都不賣股票，股價還是100元。因此形成了上述的報酬矩陣。

在上述報酬矩陣下，股東甲的主導策略是「賣」，我們從其他股東的策略著手。如果其他股東都賣了，甲也賣了，每人每股可收到97.5元；如果其他股東都賣，甲不賣，公司付其他股東97.5元，然後將股票下市，B公司只付股東甲90元。所以股東甲最好的策略是「賣」；如果其他股東都不賣，只有股東甲賣，股東甲獲得105元；股東甲不賣，公司市價仍是100元。因此不管其他股東賣不賣，股東甲最好的策略是採「賣」策略的主導策略。

既然股東甲要賣，股東乙、丙、丁…等的主導策略也是「賣」，結果是A公司可以用每股低於市價的價格97.5元買到B公司！原因無他，只在於要B公司股東陷入囚犯兩難的困境，A公司因而得漁翁之利。

由於此一計畫過於傷害B公司的股東利益，美國法院不准執行，但設計之巧妙，依舊值得學習。

同樣的，常見國內股票的上市公司，經營績效奇差無比，經營團隊也將手上股票出脫，但卻能靠收購股東委託書得繼續掌控公司。理論上，股東應該開除經營不善的團隊，但對於股權分散的上市公司，沒有主要股東負責，股權分散於小股東，經營團隊得以收購委託書等方式保住職位，小股東之所以願意將委託書賣給經營績效爛的經營團隊，也是因為股東陷入囚犯困境，自己不賣委託書，他人賣，結果還是一樣由經營團隊拿去，因此囚犯困境使得小股東雖然對經營團隊極為不滿，仍然徒呼負負，束手無策，造成公司治理（governance structure）上莫大的問題。

應用四：健保的總額預算制

健保施行幾年下來，成本日益高漲，為了控制成本，健保研擬實行「總額預算制」。總額預算制係根據某一病症，訂出固定的支出金額，例如洗腎，每年金額約為300億，每件的支付金額則視全年的總量決定，如果每年總量是500萬件，則每件支付6,000元，（6,000乘500萬是300億）若總量為1,000萬件，則每件支付3,000元。

總額預算制，事實上是將腎臟科醫生陷入囚犯困境中。腎臟科醫生的策略是要多做？還是少做？假設某一病症的總額是2,400點，只有十個醫生可以醫療這個病症，如果醫生不多做，每人每年10個案件，每個案件付費24點，每位醫生收入為240點。如果醫生甲願意努力多做，假設每年可以做12個案件，其報酬要看其他醫生的策略決定；如果其他醫生也努力做12個案件，全年可以申報120個案件，在總額支出不變的情況下，每個案件收入降為20點，總收入還是不變；但若其他醫生不願多做，全年申報案件為102件，每件報酬為23.87（2,400／102）點，醫生甲的收入增加為286.4（23.87×12）點，其他醫生的平均收入為238.7點，如果其他醫生多做到一年12件，總共的件數是12×9+10=118，每件收入為2400/118=20.34，醫生甲的收入為203.4點，而其他醫生的收入為244點。據此，醫生甲的報酬矩陣如下：

		其他醫生	
		不多做	多做
醫生甲	不多做	（240，240）	（203.4，244）
	多做	（286.4，238.7）	（240，240）

從報酬矩陣中，可以看出醫生甲的主導策略是「多做」。既然醫生甲的最佳策略是多做，其他醫生面對同樣的報酬矩陣，也會選擇多做，結果是大家都更努力，但收入卻沒增加，這就是囚犯困境的效果。

同樣的原則也可利用到產品的促銷。具體的做法是，廠商常常提出低價但是限量的產品。在低價促銷下，想買的消費者希望其他消費者不購買，結果人同此心，反而造成搶購的風潮。這就是創造消費者間的囚犯困境，進而從囚犯困境中獲利。再如ETC電子收費系統，低價提供廉價車上機。限量20萬台也是想製造消費者的囚犯困境。但是消費者在網路上發起了拒買運動，當「囚犯」可以互通有無時，囚犯困境就完全破功了。

當「囚犯」可以互通有無時，囚犯困境就完全破功了。

競爭策略與囚犯困境

企業在市場上的競爭，其實也常陷入囚犯困境。企業面對競爭者時，決定其定價、廣告、產品線多寡的重要因素，是企業是否要對競爭者做激烈競爭。從賽局理論而言，企業競爭上的囚犯困境結果是「競爭」。舉例而言，廠商甲的邊際成本為50元，面對廠商乙的競爭，廠商甲可以定價75元或60元，廠商乙也有同樣的選擇，如果雙方決定激烈競爭，定價為60元，市場的需求為100，雙方平分市場，利潤各為500元｛（60-50）×50｝；如果一方定價60元；而另一方定價75元，定價60元的一方可囊括市場，利潤為1,000元｛（60-50）×100｝，如果雙方決定謀和，都定價75元平分市場，但因價格高，市場總量降為70，雙方的利潤各為875元｛（75-50）×35｝，廠商的競爭策略的報酬矩陣如下：

		廠商乙	
		競爭	謀和
廠商甲	競爭	（500，500）	（1000，0）
	謀和	（0，1000）	（875，875）

因此，雖然雙方了解謀和對雙方都好，但忌憚對手會趁謀和定價的機會，反而採低價競爭，因此造成企業的短期競爭策略，往往選擇競爭，而不是謀和。主要原因就

在於競爭廠商策略上的相互依存性。因此要創造謀和的結局，必須要有協調機制（facilitating device）的設計（見《基礎篇》193頁）。

企業的短期競爭策略，往往選擇競爭。

同樣的分析，同樣適用在DRAM產業的產能擴充上。在產能擴充上，對產業最好的策略是所有廠商均不擴廠，也不提升製程。但在面對囚犯困境下，彼此還是拼命擴張產能，廣建十二吋廠。結果又是超額產能、價格競爭，等到有廠商退出為止，這就是DRAM產業競爭生態的一部分。

囚犯困境賽局的限制

囚犯困境是最簡單的賽局，所導出的結果並非放諸四海皆準，必須要了解在應用上的限制，囚犯困境的賽局是單期（one shot game），必須和對手同時（simultaneous）做出決策，如果將時限拉長，雙方一旦可以觀察到對方前期或當期的決策，策略的選擇會迥然不同。

例如，在街角上有兩家加油站甲和乙，雙方都觀察到對方的價格，任何一方的降價，一定會引起對手採取回應的措施。通常，激烈價格競爭的情況，只會偶而出現。

同樣的情況，也適用於菜市場的攤販，台北市南門市場賣菜的攤位，彼此處在長期的競爭情境，任何一方採激烈的競爭策略，想當然必定會遭到報復，加上南門市場顧客買菜的價格彈性低，菜價通常高於其他市場的價格，因此高菜價是長期謀和的結果。囚犯困境的結論，在長期的賽局下，並不適用在這樣的案例。

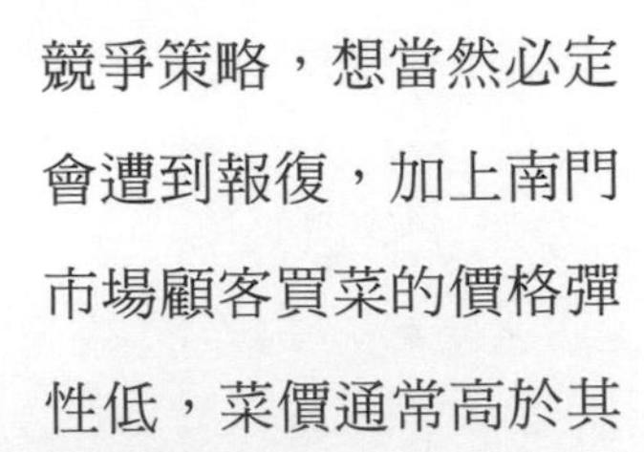

囚犯困境的賽局是單期，必須和對手同時做出決策。

囚犯困境的另一個限制，是決策的時點。囚犯困境假設，競爭對手「同時」做出策略選擇，而且不能和對方有溝通的機會。如果雙方可以溝通，結果會是合作的策略。因為合作對雙方均有利。事實上，競爭者通常可以觀察到對手的策略，通常是等到對手採取策略後，再決定自己的策略。這種雙方輪序做策略的賽局，稱之為依序賽局（sequential game）。

三、依序賽局下的策略考量

在依序賽局的情境下，競爭者A決定先採取策略，對手B觀察到A的策略後，再考慮其策略的選擇。這和囚犯困境最大的不同，在於報酬矩陣的不同。囚犯困境中，競爭雙方所面對的處境，是相同的報酬矩陣，而且無法互相溝通。但在競爭者A做了策略決策後，B的策略所產生的報酬會隨著A的決策而不同，因此B的決策，取決於A的決策而定。例如，要不要在淡季打折促銷，要看對手的決策而定。

對手的策略有兩種效果要考量，第一種效果是直接效果（direct effects）；第二種是策略效果（strategic effects）。一般決策者都會忽略策略效果。顧名思義，直接效果指的是，當對手策略不改變，策略對消費者或客戶的直接影響。例如，提高服務水準，可以增加顧客滿意度，降價會刺激銷售。策略效果指的是，A方策略所引起B方對手策略上的改變。競爭上要考量直接效果和策略效果的雙重效應。

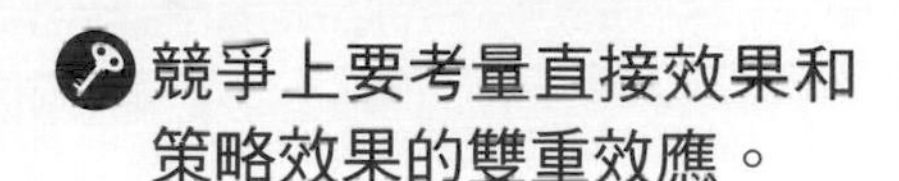

舉例而言，美國的航空公司，在成本的考量下，儘可能壓低空中餐點的成本。據估計，空中每餐成本不高於2.5美元，結果服務品質出現問題，只剩雞肉飯和義大利麵提供顧客選擇。有一家餐飲服務公司認為，空中餐飲有改進的空間，先對某家大型航空公司提出建議，爭取提供較好的餐飲服務，成本為3.5元，但在顧客的認知上，這是價值7美元的餐飲，可以增加航空公司競爭的優勢。試問該航空公司，應不應該採取這一家廠商供應的餐飲?

從簡單的成本／效益計算，假設每位顧客，每次平均支付300美元購買機票，航空公司的邊際成本趨近於零。因為提供優良餐飲的邊際成本為1元（3.5減2.5美元），只要300個乘客當中，有1個以上的顧客，是因為餐飲的改善而多光顧一次，或是因為優良的餐飲，而得以提高機票的價格達1元以上，提供優良餐飲的收益，便會大於成本。因此，只考量直接效果，航空公司應該採取優良餐飲的策略，以提高顧客滿意度。

航空公司採取優良餐飲策略的立即效果，是立即增加顧客的滿意度，但考量到策略效果後，想法可能不一樣。

如果A航空公司採取優良餐飲策略，增加了顧客滿意度，也增加顧客再次購買的機率，因此增加了市場佔有率，試想競爭對手會有什麼反應？優良餐飲供應商，一定會向各個航空公司宣傳其產品的功效，各航空公司競相採用，不但A航空公司的競爭優勢消失不見，其成本還增加了一元，結果竟是得不償失。因此在考慮策略效果之後，航空公司決定，捨棄優良餐飲的策略。

HP和康百克的合併，直接效果是利用龐大的議價能力，對上游的供應商殺價，同時對下游的經銷商漲價。因此兩強合併的效應是，降低供應商和經銷商的利潤。想當然爾，經銷商和供應商一定不甘雌伏。當電腦日趨成熟，品牌效果降低，上下游廠商可會產生購併，或者下游廠商（例如Best Buy）跳過HPQ，直接向台灣的廠商進貨，再加上經銷商眾多的品牌，直接和HPQ競爭。

挖角的策略，也是不考慮策略效果而不可取的策略。保險業間為了在短期內增加業績，常常將對手的明星業務員挖角過來。此舉的直接效果是，短期業績增加了，但是對手並不會因此不聞不問。通常也會使出高價挖角的策略，將對手公司的業務員挖過來，這樣挖過來、挖過去的結果，只徒增了業務員的薪資，整個來看，公司的績效並沒有因此而增加。降價策略也是一樣，施行降價策略的效果，造成所有業者一起跟進同時採降價策略。

挖角的策略，也是不考慮策略效果而不可取的策略。

MIT（Massachusetts Institute of Technology麻省理工學院）和Harvard（Harvard University哈佛大學）的經濟系，都是全球數一數二的經濟系，兩校均位在麻州

劍橋市，雙方只隔了一條查理士河遙遙相對，MIT的教授，從MIT轉任到Harvard，不需要搬家，配偶的工作也不必因此變動，就轉換的成本而言極低。理論上，雙方會出高價互相挖角。但雙方在顧忌挖角的策略效果之下，雙方40年來，形成一種互不挖角的默契（除了80年代初，哈佛首先破壞默契，將Summers教授挖過去，MIT經濟系系主任，為此還去函指責Harvard的不是。Summers後來當上美國財政部長和哈佛大學校長。最後因為對於兩性差異的發言不當而去職）。

賽局理論中的策略效果，清楚的指出，企業策略的決定，不能假設對手的策略千年不變，因此千萬別以一廂情願的態度來制定策略。

考慮策略效果後，如果要擬定進攻的策略，必須要考慮策略是否容易被對手模仿。例如價格策略就是一種容易被對手模仿的策略。新的廣告攻勢較不容易被模仿，還有推出新產品、購併等策略，較難招致對手的報復。在制定策略時，可以比較不需要考慮策略效果。非價格競爭的策略，比較容易創造差異化，較難模仿，也不容易招致報復（這也就是為什麼在《基礎篇》第六章強烈推薦非價格競爭的策略）。

千萬別以一廂情願的態度來制定策略。

依序賽局和先發制人策略

要從囚犯困境中掙脫，在報酬矩陣允許的情況下，可以改變同時決策的前提，轉成依序賽局，從而達到雙贏的局面。比如兩家生產洗髮精的公司，在推出新產品時，可以推出薰衣草香味，或蘭花香味的洗髮精，如果雙方同時推出味道一樣的洗髮精，在市場胃納有限的狀況下，利潤相對會降低。最理想的狀況是，雙方避免面對面的競爭，推出不同的產品，但如何能夠導到雙方共贏的情況？我們可以從報酬矩陣來分析。

B公司 ＼ A公司	薰衣草	蘭花
薰衣草	(30，30)	(40，40)
蘭花	(40，40)	(30，30)

從上述的報酬矩陣可以看出，並沒有所謂的「主導策略」。A公司的策略要視B公司的策略而定，但A公司可以搶先做出投資蘭花香味洗髮精的動作。但是一旦投資下去，就形成固定成本，無法轉圜，B只有選擇生產薰衣草香味的洗髮精。這是將同時決策的賽局，轉換成依序賽局，再利用先發制人的策略，獲取策略上的利益。但A公司必須要取信於B公司，才能限制B公司的策略選項。

公司必須要有不可逆轉的投資，來表示自己的決心。

要取信於B公司，A公司必須要有「不可逆轉」（irreversible）的投資，來表示自己的決心。廠房設備的投資、廣告的推出、公司CEO的公開聲明等等，均是表示決心的動作。但調整價格、廣告量的增減、產品下市，均是容易逆轉的動作，很難有策略上的利益。

依序賽局下，廠商看似不理性的策略行為，卻有策略的利益。台灣DRAM廠商在2005年擴充，就是一個鮮明的例子。

理性的非理性行為（The rationality of irrationality）

2005年，儘管DRAM市場狀況不佳，且過去幾年幾乎都處在供過於求的情形。台灣的DRAM廠商，卻紛紛宣佈擴充12吋廠計畫，2005年10月全球第二大的DRAM廠商，美國美光（Micron）行銷副總裁來台，評論台灣的DRAM廠商是「不理性」的擴廠。殊不知看似不理性的行為，卻有理性的動機，這在賽局理論中稱為「理性的不理性」（rationality of irrationality）。賽局理論多用於政治上的談判，在企業競爭策略中成功的應用實屬罕見。但這次台灣DRAM廠商的擴廠，就是理性的非理性行為的一個案例。

臺灣資訊業在1990年代蓬勃發展，DRAM為PC所必須，沒有DRAM則PC無法運作。因此DRAM的價格彈性低，且價格隨著DRAM的供需不平衡而大幅波動。

台灣的公司，在PC市場高度成長之下，採取代工模式設立DRAM公司。但這種以機會為主的成長方式，慘遭苦果。最主要是DRAM產業的競爭生態，不利於產業發展。首先，DRAM是無差異化的產品，價格完全取決於供需的關係和成本，成本又繫於製程和良率。DRAM制程技術進步快速，從10年前6吋晶圓廠0.35微米到2009年12吋65奈米。製程越精密，成本下降越快，因此廠商經常面臨囚犯困境的賽局。投資新設備的廠商可以降低成本，不投資的成本高。為了降低成本，廠商必須經常投資新設備來維持競爭力。新設備擴充的結果，是供給年年增加，除了極短的一、兩年外，DRAM的供需都是供過於求，價格跌到邊際成本邊緣。而DRAM又是資本密集的產業，固定成本占總成本的三分之二，等到價格跌到邊際成本，大多數的廠商都瀕臨虧損，因此IBM、東芝、德州儀器、富士均退出市場。因此在過去幾年，臺灣DRAM產業的營運慘不忍睹，1996到2005的這9年，平均投資報酬率為負數。

由於DRAM市場競爭激烈，除了韓國的三星以外，其他廠商都虧損連連，DRAM廠商均思轉型，恰好現在快閃記憶體（Flash）和數位照相機的CMOS Sensor市場大好，美光和三星可以將產能轉向生產flash and CMOS sensor，降低DRAM的生產比重。台灣的DRAM廠商沒有其他的技術，只會做DRAM，所以無路可走，只有抱著頭往前衝，拼命擴廠、降低成本。看到台灣DRAM廠商「不理性」的擴廠，美光、三星，和其他廠家，如果也選擇擴廠生產DRAM，大家只好繼續虧損不貲。有其他產品技術的廠商，既然有退路，不如退去做其他產品，反倒還有獲利的空間。所以沒有其他產品技術的台灣廠商，竟然造成有其他產品技術的對手，採退讓政策。這就是「理性的不理性」，看似不理性的策略，卻有著理性的邏輯與結果。

但不理性的擴充過了頭，依舊無法逃脫虧損的命運。2008至2009年的一場金融海嘯，台灣DRAM廠商虧損不堪，除了像台塑集團這樣規模的DRAM廠以外，其他廠家無力再投資新製程，喪失下一回合的競爭力。如果沒有金融海嘯的衝擊，也許台灣的DRAM廠還有一搏的機會。

四、賽局理論和長期競爭策略

企業間的競爭，都是屬於長期的競爭。在策略上，競爭態勢就顯得十分重要。基本上，競爭態勢決定了競爭的激烈程度。競爭策略的選擇，必須將單期的囚犯困境賽局延展到多期，但理論上，多期的囚犯困境賽局沒有最佳解答，換言之，策略態勢要看其他因素決定。例如：對手的相對地位，固定成本／變動成本比例，產業歷史上的競爭習慣，需求是否有季節性的變動，價格彈性的高低，市場的集中度，也就是上冊提到的產業競爭生態中的產業基本狀況和市場結構。

既然理論上沒有固定的答案，經濟學家利用實驗，來檢驗各式各樣的競爭策略。首先，實驗者將參賽者分為兩人一組，各組面對囚犯困境的報酬矩陣，每期參賽者可以選擇競爭或謀和，參賽者彼此不能溝通，但每期知道賽局的結果，由於是多期的賽局，參賽者可以實驗不同的競爭策略。有人選擇每期競爭與謀和交換的策略；有人選擇三期競爭，兩期謀和的策略。不同策略實驗的結果發現，長期而言，「以牙還牙，以眼還眼」的策略，所產生的利潤最高。

以牙還牙，以眼還眼的策略，是第一期選擇謀和的策略，然後每一期選擇對手上一期的策略。如果對手上一期採取「競爭」策略，這一期也立即回以「競爭」策略。如果是謀和策略，也報之以謀和策略。這個簡單的策略，比其他複雜的策略有效得多。

理論上還無法證明「以牙還牙，以眼還眼」的策略，是長期競爭的最佳策略。但從直覺上，這個策略有許多優點。首先是策略簡單，競爭雙方不需要猜忌對方，經過幾回合交手，雙方很容易了解對方的策略，會發現謀和的結果最好；其次，「以牙還牙，以眼還眼」策略，從不主動攻擊對手，只有對手先降價攻擊，才予以反擊；再者，「以牙還牙，以眼還眼」策略，永遠原諒對手先前惡意降價的攻擊行為，只要對手悔改，便採取謀和策略，立即寬大的回以謀和策略。這就是在《基礎篇》第六章所提到所謂的「觸動策略」（triggering strategy）（見《基礎篇》193頁）。其主要目的，在於營造合作的環境。

五、賽局理論和競爭態勢

在《基礎篇》書中將競爭態勢列為策略的第三個要件，決定策略態勢的因素，基本上是賽局理論的報酬矩陣。決定報酬矩陣的主要因素，是謀和下和激烈競爭下的利益。但謀和必須要有配合的機制，以保持謀和廠商的共同利益。如果採取競爭的手段，要考慮被對手發現的可能性，對手報復的可能性，還有對手報復的強度，這些因素應該由賽局理論中導出。至於具體可行的策略可以參考《基礎篇》的第六章。換言之，賽局理論是第六章的理論基礎。

六、賽局理論的問題

賽局理論雖然可以提供策略思惟的發展方向，但亦有學者認為，賽局理論和資訊科學人工智慧（Artificial Intelligence）一樣，叫好並不叫座。人工智慧在上個世紀，60年代發展以來，專家都寄予厚望，希冀有一天可以用人工智慧發展出

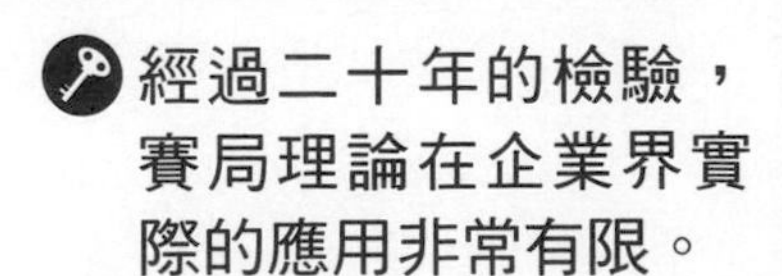

機器人，甚至電腦醫生。但是經過40年的發展，只有在西洋棋上，電腦擊敗棋王，不符實際的期望。賽局理論也是，理論嚴密性十足，在1950年代，為了應付美蘇冷戰，由美國國防智庫藍德（Rand）公司發展，解決了一些冷戰期間的政治問題；也在1980年，在經濟學領域蓬勃發展，經過20年的檢驗，發現賽局理論還是無法解決企業的問題，實際的應用非常有限。主要原因在於，賽局理論的策略選項，是單一變數，例如價格。但實際上，策略決策是環環相扣的，單一變數不足以描述策略的複雜性。因此，本書以競爭態勢，而非只有價格和產量作為賽局理論的策略變數。

其次，賽局理論報酬矩陣的數字殊難估算，實際應用確有其困難。其次，賽局理論中，假設賽局雙方都是理性的廠商。正因如此，不理性的廠商，反而會利用對手的理性決策模式，採取不理性的行為，最後在賽局中勝出。

從理論而言，賽局理論的結局，受到賽局假設的影響太大。只要改變一個假設，賽局理論的結局可以呈一百八十度的逆轉。例如，在有限期限賽局的假設下，賽局只進行固定的局數，囚犯困境的結局是「競爭」。但是在無限期的賽局下，賽局一直進行，無所謂結束的時候，囚犯困境的結局是「合作」。既然賽局理論的預測過於寬廣，還需要其他的假設，和視賽局的特殊情況，才能得到比較精確的預測。有了這些缺點，無怪乎大力倡導賽局理論和策略結合的哈佛商學院教授Ghemawat在2003年美國管理學會上說：在策略形成上，賽局理論的應用尚不普遍。但賽局理論的思維卻應納入策略分析過程。

七、結論

由於企業決策環環相扣的特性，競爭態勢的決定，會對定價、產能、研發、產品線的廣度，有相當深遠的影響。競爭態勢指的是，企業針對對手所採取的激烈競爭，或謀和的手段。本章以賽局理論為基礎，解釋不同架構下的賽局，會有不同的結果，提供決策者，決定競爭態勢的思考方向。至於要選擇競爭還是不競爭，要看賽局中其他因素而定，也要考慮策略的直接效果和策略效果。從賽局理論的觀點，策略一定不能執意孤行，毫不考慮對手的反應。但賽局理論無法得到確切的解答，報酬矩陣不易取得，使用上還是有所限制，但賽局理論所帶來的策略性思惟，仍是策略形成上必須考慮的因素。

本章精論

1. 傳統策略理論最大的缺失，是並未考量競爭者的反應，而廠商又不考慮其他競爭者的策略。
2. 不考慮對手的可能反應，所擬定出的策略，無異閉門造車，結果就會釀成毀滅性的競爭。
3. 競爭態勢的選擇，奠基於競爭優勢上。
4. 囚犯困境會反映出策略上決策的兩難。
5. 要導出對甲最有利的策略，要先從乙可能採取的策略著手。
6. 無論對手採取什麼樣的策略，我方都必須採取的策略叫做「主導策略」。
7. 當「囚犯」可以互通有無時，囚犯困境就完全破功了。
8. 企業的短期競爭策略，往往選擇競爭。
9. 囚犯困境的賽局是單期，必須和對手同時做出決策。

10. 競爭上要考量直接效果和策略效果的雙重效應。
11. 挖角的策略，也是不考慮策略效果而不可取的策略。
12. 千萬別以一廂情願的態度來制定策略。
13. 公司必須要有「不可逆轉」（Irreversible）的投資，來表示自己的決心。
14. 經過二十年的檢驗，賽局理論在企業界實際的應用非常有限。

策略精論

進階篇

第二章

定價策略

一. 價格在策略上的考量

二. 定價的策略觀

三. 價格歧視

四. 競爭態勢定價

五. 謀和定價

六. 競爭定價

七. 結論

一、價格在策略上的考量

價格是影響利潤最重要的因素，如果公司平均的淨利是10%，價格下降1%，在銷售量不變的情況下，淨利會下降10%。

價格策略是影響獲利最重要的因素。

美國的超級市場，資產週轉率高，淨利只有2%，價格的變動，對利潤的影響更大。而且策略必須要透過價格來實現利潤，因此定價策略對企業的重要性，不言而喻。

策略必須要透過價格來實現利潤。

但是從策略的角度，價格並不是最有效的競爭武器。價格雖然重要，也只是整體策略的一環，而且容易模仿。

價格通常依據產品的定位、差異化、競爭態勢等策略要素所決定。諸如，競爭的型態、廠商的目標、競爭的優勢，以及重要對手的定價策略等。不是只靠供給和需求決定的。

其次，價格並不適合當作競爭武器來使用，因為價格可以隨時改變，降價對手可以立即回應，除非有低成本的支持，否則只有低價格無法帶給企業長久的競爭優勢。因此價格雖然重要，其他策略性的因素，卻是決定價格的基本要件。

價格雖然重要，其他策略性的因素，卻是決定價格的基本要件。

由於價格容易改變，目前研究策略的學者，逐漸傾向利用兩段式的競爭論。第一階段，企業做出策略性的決策。例如產品線的廣度、科技領先的程度、目標市場的選擇，待這些決策都確定了之後，廠商再進行投資。

當投資完成，便進入第二階段的戰術。此階段正是比較有彈性的競爭武器，例如價格、服務態度、產品的保證等等。

從這二階段競爭的觀點而言，價格完全取決於前一個階段的投資，和前一階段的決策。價格本身只是一個從屬的地位。

以航空公司為例，航空公司在第一階段的決策，要決定經營國際航線，還是國內航線。確定成為國際或國內航線的航空公司之後，才能決定所需購買的飛機機型、人員訓練，以及其他策略所導出的相關事項。

如果企業選擇成為國際航線的航空公司，接著要選擇服務的區域範圍，這是屬於第二階段的選擇。當選定服務的區域之後，廠商開始著手安排機場的降落權、廣告，還有其他周邊設備的投資。

當購入飛機、機隊組成，開始營業之後，廠商才決定如何在價格上、時間的安排上、乘客的服務上互相競爭。

從這個例子可以看出，競爭策略是先佈局，定策略，再投資，而價格決策則是在最後一個階段才決定，而且可以隨時改變。

價格應該是競爭的最後手段。

正因為價格對利潤的重要性，價格應該是競爭的最後手段，非不得已，不貿然進入價格競爭。廠商應該先培養競爭的實力，選擇以品質或者以銷售的網路、服務，或者是以其他方式競爭，價格則是最後的選擇。

在策略的主從關係上（見《基礎篇》第一章），價格可說是最後階段的從屬決策。然而企業不透過價格策略，無從達到獲利的目標。因此可以說價格策略重要，但不必要。

二、定價的策略觀

沒有競爭力的企業，基本上並沒有價格策略可言，該產品的定價，只能追隨市場的價格來決定。能夠執行定價策略的首要條件，就是市場地位（market power）。市場地位指的是在市場上能夠提高價格，而不引起他人進入或報復，也就是有些空間可以主導價格，但不到獨佔的地位。

沒有競爭力的企業，沒有價格策略。

擁有市場地位的廠商，通常具有核心競爭力，市場佔有率高，而且有較低的成本，或是擁有產品差異化的優勢；沒有市場地位的廠商，只能成為價格的接受者，唯一的價格策略，即是追隨市場的價格。

價格策略的第二個考量，是競爭者的反應。如果不需要顧及競爭者的反應，廠商可以進行價格歧視；如果要考慮競爭者的反應，價格策略則由競爭態勢（見《基礎篇》第六章）所決定。

從競爭態勢的角度，價格策略可以是競爭或是採謀和的策略。以上的考量，可以下圖說明：

圖 2-1 價格策略分析模式

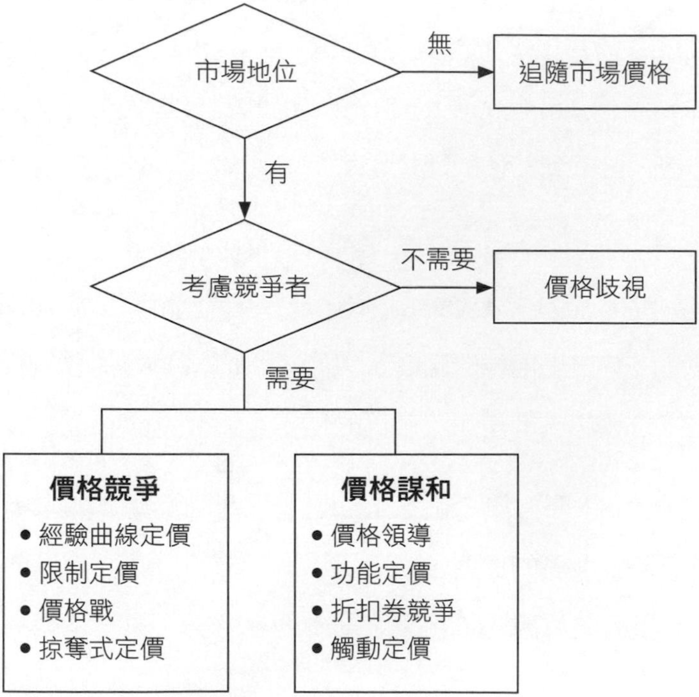

我們首先討論價格歧視（price discrimination）。

三、價格歧視

價格歧視的最基本原則，就是有顧客願意用不同的價格，購買相同類型的產品。因此價格策略的最高境界，在於如何讓顧客，願意付出最高的價格，取得同類型的產品。

有些顧客願意用不同的價格，購買相同類型的產品。

例如，同樣是一碗牛肉麵，富翁願意付500元，但是學生可能只願意支付50元。如果牛肉麵的邊際成本為20元，在理想的狀況下，牛肉麵商當然希望向富翁收500元，向學生收50元一碗。但是現實狀況下，由於無法有效區分顧客是富翁還是學生，因此價格歧視無法在同一個地點進行。於是價格歧視經常是由地點來區分，因此富翁只去大飯店，享受500元一碗的牛肉麵。

理想狀態下，廠商當然希望能夠採行價格歧視，讓每位顧客，付他願意付的最高價格。但並不是每種商品，都有價格歧視的空間，價格歧視必須滿足三個先決條件。

首先，廠商要有強大的市場地位，有能力進行價格歧視；其次，顧客的需求不同，廠商有能力將不同需求的顧客，加以彈性地區隔，再根據不同的市場區隔，收取不同的價格；第三，就算廠商有市場地位，能夠將顧客區分出來，遂行價格歧視。但是低價購買的顧客，可以轉賣該貨品進行圖利，因此廠商還必須要有辦法，防止貨物的轉售。有形的貨品比較容易轉售，但服務業以顧客為主，無法轉售，所以價格歧視應用在服務業的情形較為常見（見下文的竄貨現象）。

大陸的竄貨現象

大陸各省的所得差距極大，沿海省分和內陸省分的差距可以達五、六倍之多。所得差距大，正是實現價格歧視的理想環境。

以大陸地區的電話卡為例，因為所得差距，各省消費者能夠負擔的價格不同，因此中國電訊希望能夠在不同的省份，定出不同的價格。

中國電訊最初的方案，是以折扣的多寡來進行價格歧視。內陸的省份折扣多，沿海的省份折扣少。同樣一張50元人民幣的電話卡，在不同的省份，有不同的折扣。

但實行之後，發現內陸省份的經銷商，會以較多折扣買入電話卡，然後運到沿海各省去販賣，這就是所謂的「竄貨」。

竄貨使得中國電訊的價格歧視徹底破功，只得取消價格歧視策略。改成各省銷售的電話卡，只能在地區內使用，不能跨省使用。但這又造成消費者使用的不便，最後沒有辦法，業者只有放寬一途。

完美的價格歧視：每一位顧客都付出他所願意付的最高價格。

價格歧視基本上分為三級。第一級是完美的價格歧視，每一位顧客都付出他所願意付的最高價格（willingness to pay， WTP）。正如一般經濟學教科書中的需求曲線，每一位消費者，沿著需求曲線付出價格。

第一級價格歧視

完美的價格歧視案例，在企業界不可多得。但IBM和Xerox卻在幾近獨佔的地位下，用租賃機器的方式，達到完美的價格歧視。下以Xerox為例，說明為何只租不賣的方式，可以達到完美的價格歧視。

1970年代Xerox是複印機的獨佔廠商，也是複印的代名詞。複印機的顧客，購買複印服務的目的，在於降低複製文件的成本。因此顧客會以節省成本的多寡，作為購買複印服務價格（WTP）的考量。

如果有兩種顧客需要複印的服務，一是律師，一是醫師。

假設律師每月需要複印1萬張文件；醫師每月的需求量是律師的一半，5千張。以人工抄寫相較，複印一張文件可以省下2塊錢成本，對律師而言，每月可以節省2萬元。如果投資回收期（payback peirod）為4年(48個月)，律師願意付96萬元購買複印機或每月付2萬元購買複印機的服務，用同樣的計算，應用到醫師身上，醫師願意付48萬元購買複印機或每月1萬元買服務。

如果複印機的生產邊際成本為40萬元，而且只以賣斷的方式銷售，如果一台複印機賣96萬元，只有律師會買，醫師並不會購買。如果一台賣48萬元，醫師、律師都會購買，卻平白便宜了願意出96萬元購買複印服務的律師。

因此Xerox當然希望做出價格歧視，賣給醫師48萬元，賣給律師96萬元。但是在這種情形下，可能會發生醫師多買後，再轉賣給律師，可以從中賺取差價。如果無法防止貨品轉賣，價格歧視策略便行不通。

要進行價格歧視，唯有將商品轉成服務，服務無法轉賣，從販賣複印機的廠商，轉換成提供複印服務的廠商。用租賃的方式收費，而以複印張數作為收費的標準。

因此律師每月付2萬元，醫師每月付1萬元，作為複印服務的費用。最後成交的價格，和WTP一樣，Xerox於是達成完美的價格歧視策略。

利用租賃，再以使用量作為租金的做法，可以達到完美的價格歧視。大企業使用量大，付得多；小企業也付出他願意支付的費用，達到價格歧視的極致。

又如1960年代的IBM，在大型電腦業具有獨佔地位，通常只租不賣。利用租賃的方式，以使用的鐘點數作為計價標準，大型企業用得多，自然付得也多。

不同的顧客，根據自身的需求付費，同樣達到完美的價格歧視。為了鼓勵顧客只租不買，IBM還設計了許多辦法，提供顧客誘因，只租賃大型電腦使用（見《基礎篇》206頁）。

台北市建國南路高架橋下的假日玉市，也常常進行完美的價格歧視，賣玉的商家並不定出價格，就算定價，也是漫天開價，玉商經營的祕訣，就是進行完美的價格歧視。

事實上，玉的標價，是成本的五到十倍。每塊玉各有不同的色澤、大小，產品的差異度頗大，消費者根本無從比價，因此價格端看顧客的喜好而定。如果顧客相中了某塊玉，詢問玉商價格若干，玉商便會打量顧客，如果顧客看起來既殷實又老實，玉商當然會出價較高，但問題是如何出價？玉商如果碰到顧客詢價，大聲喊出價格（市場上通常人聲吵雜），說不定白白便宜了旁邊願意出更高價的顧客，甚至是嚇走了願意以較低價格購買的顧客。

因此玉商面對詢價的顧客，不以聲音出價，而以計算機出價。玉商將價格打在計算機上，再將計算機上的價格顯示給顧客。由於計算機的螢幕是液晶螢幕，通常只有直視的角度看得清楚，旁觀的顧客無從得知出價為何。藉此玉商可以遂行完美的價格歧視，每一位顧客付出的價格，都依本身的喜好不同而不同。（《基礎篇》中解釋價格的隱密性會增加對手間的競爭，玉市以計算機出價，的確保持了價格的隱密性。因為每塊玉的差異性高，價格的隱密性並未增加對手間的競爭，而且價格歧視的優點，壓過了價格隱密性所造成價格競爭的損失。）

另外，生產利樂包的機器公司，也是以生產量作為收費標準；傳統的牛墟（賣牛的市場）的出價方式，都是在大掛的袖子裡討價還價，價格也不對外公開。目的就是要形成價格歧視，這些都是完美價格歧視的實際應用。

兩段收費

第二種價格歧視的方式，是採取兩段式收費（two-part tariffs）。兩段式收費指得是廠商先收一筆固定的「入門」費用，再根據顧客消費的多寡，額外收取不同的使用費。

一般的俱樂部，均先收取入會費，會員取得消費的權利，這就是所謂的第一段收費，日後的消費，屬於第二段收費。

互補性的商品，可以充分利用兩段式的收費，來增加利潤。

以刮鬍刀為例，賣刮鬍刀的公司，可以將刮鬍刀的價格降低，然後提高刀片的價格。先讓消費者以低價買張使用者門票，再提高日後消耗品的價格。

印表機和墨水匣也是屬於互補性商品，採用兩段收費的方式。有時印表機的價格，比墨水匣還要便宜。

如何決定第一和第二階段收費的高低，需要視公司的策略目標、消費者的效用函數、和價格彈性而定。

VHS要成為全球錄放影機的標準規格（見《基礎篇》17頁），松下就必須降低授權費，甚至只收入門費，不收使用費。因為入門費對被授權公司（如RCA）而言，是沈沒成本（sunk cost，又稱為埋沒成本，意指無法回收的費用或投資）。既然少了技術的使用費，降低了邊際成本，被授權的廠商有更強的誘因擴大規模，讓VHS成為世界通用的標準規格。

IBM在1960年代的電腦主機市場，以兩段收費來打擊競爭者。消費者除了要租賃大型電腦主機，還需要租用附屬的設備，例如磁碟機等。

由於進入電腦主機的門檻比較高，電腦主機市場的競爭較不激烈。可是電腦週邊附屬設備，因為進入的門檻較低，市場的競爭幾乎白熱化。IBM為了要削弱其他周邊附屬設備業者的競爭力，定價策略採取總系統價格不變，但提高主機價格、降低週邊設備價格。雖然電腦系統的總成本並沒有增加，可是IBM卻增加了總體競爭上的優勢。

實施雙段定價的時候，要特別注意高價產品，是否會吸引其他競爭者的覬覦而進入競爭。例如，當IBM 提高了電腦保養的價格（第三段收費），造成IBM 的員工自行創業，開辦替消費者保養IBM電腦的生意。

當年擁有獨佔地位的全錄公司除了賣影印機以外，特別規定，一定得向全錄購買紙張。事實上，全錄的紙張，跟其他品牌的紙張完全一樣，但是價格高出許多。後來消費者發現，全錄的紙張和其他供應商的紙張品質一樣時，其他供應商就輕而易舉地進入這個市場。因此雙段定價的策略，必須要考慮被其他廠商套利的可能性。

雙段定價的策略必須防止競爭者套利。

不僅如此，採用兩段定價時，還有其他因素需要考慮。

例如，聞名遐邇的迪士尼樂園應該如何收費？是一票玩到底？還是依每個遊樂設施的需求決定？

理論上，迪士尼樂園應該以每個遊樂設施的需求來定價。消費者愛玩的遊戲，應該收較高的費用，藉以抑制需求，以價制量；一票完到底的收費，造成熱門的遊戲門庭若市，到了旺季，熱門的遊戲大排長龍，為了玩一個五分鐘的遊戲，排隊等兩小時的情形司空見慣。

但迪士尼樂園還是採用了一票玩到底的收費方式，而不是兩段式收費。這個案例，表面上看起來，似乎與利潤極大化的理論背道而馳。

筆者在美國教書時，曾以此問題詢問過迪士尼的高階主管。他的回答是，一票玩到底，可以讓消費者玩到精疲力竭才離開，不但增加消費者的滿意度，還可以增加再次光臨的機會。

其次，一票玩到底，消費者通常會在一開園時就來，打烊時才走。遊客在樂園裡足足待上十四個小時，這一段漫長的時間，必定會有飲料、午餐、晚餐的消費。這些餐飲的收入，足以取代額外收取的遊戲費用。

再者，如果單一遊戲收費，要經過賣票、找錢、收票的程序，每一個動作都會發生成本，而且耗時不貲。一輪遊戲只玩5分鐘，不值得買票、賣票的時間成本。

迪士尼樂園算來算去，還是一票玩到底最划算。由此可見，價格上的考量，不能完全以理論為依歸。必須考量理論上未及的其他現實因素。

需求差別取價

以需求彈性進行價格歧視，是比較常見的價格歧視。這種差別取價，是以消費者的價格彈性，作為差別取價的基礎。若是消費者的價格彈性高，價格太高，需求相對下降得快，廠商的損失也多，因此廠商會定出較低的價格；若消費者的價格彈性小，價格提高，並不會影響消費的需求，廠商的價格自然可以定高些。

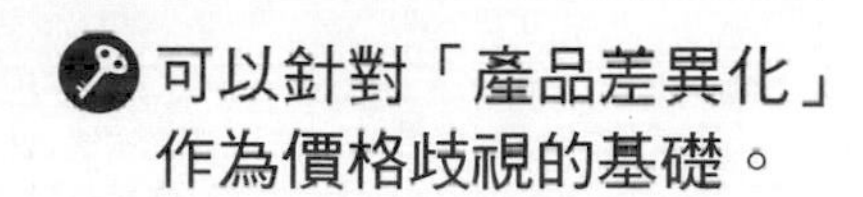

例如，乾洗店對男士的西裝上衣收費，較女士的西裝上衣要高，這是因為男士較不常乾洗衣物，對乾洗的價格彈性小，乾洗店也樂得多收費。

除了性別外，收入、使用時間、地理區域等，都是進行差別取價的基礎。但對於同樣的產品和服務，收取不同的價格，會招致消費者的反感，因此可以針對「產品差異化」作為價格歧視的基礎。

某公司推出一系列的產品，產品間的差異不大，但價格卻可以有顯著差異。例如，S公司生產音響產品中的擴大器（amplifier），並以產品線功能上的小差異作為價格歧視的工具。

S公司是世界知名的品牌，生產ATV一〇二〇和ATV九二〇擴大器。ATV一〇二〇的價格為美金四百四十九元，ATV九二〇的價格為美金三百四十九元，雖然兩者的大小、外觀完全一樣，但功能上稍有不同。ATV一〇二〇可以直接接上來自有線電視的訊號，而ATV九二〇並沒有這個接頭，要聽有線電視的音樂電台，必須先接上電視，再接到擴大器。從成本考量，有線電視纜線的接頭，不過幾美元，但增加此功能的產品定價，可以相差到一百美元。看起來，極不合理。但從價格歧視的觀點，這種定價方式符合理論。

道理即在於定價策略的基本觀念：**一定有顧客願意出不同的價格，購買一樣的產品。**

S公司知道，一定有部份顧客願意出美金449元購買他的擴大器。為了避免顧客只花349元，即可買到他的產品，因此將自家產品稍微差異化，讓花了449美元的顧客認為，自己買到功能更多、更好的產品。

以產品差異化，作為價格歧視的工具，一定要遵守另一項原則：價格低的產品，功能或品質相對要低些，否則會發生產品自蝕（product cannibalization）的現象。

> **價格歧視要避免產品自蝕。**

以19世紀的法國火車為例，四等艙的車廂是沒有車蓋的。一列火車多掛幾個車廂只會小幅增加邊際成本，因此火車公司希望以多掛車廂，乘載更多顧客來提高利潤，但要吸引顧客就要降低價格；另一方面，也有很多顧客願意付高價來買交通服務，因此火車公司進行價格歧視。當時法國的火車分為頭等、次等、三等、四等車廂，而這四種車廂，同時串連在一列火車上。為了防止買得起三等車廂的顧客購買四等車廂的車票，法國火車公司故意降低四等車廂的品質，拿掉車蓋，讓實在買不起三等車廂車票的顧客，才去購買四等車廂的車票。

以上是不必考慮競爭者反應的定價策略。要能夠自行定價，先決條件是市場的地位。而市場地位，又是由公司的競爭優勢所造成。因此價格歧視的能力，是由公司策略所決定，透過價格歧視，來實現策略的最大效益。

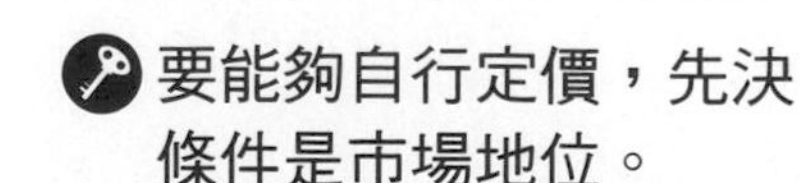

四、競爭態勢定價

價格是反映企業策略中，最直接量度競爭態勢的結果。競爭態勢最主要的考慮點，是要和競爭者採取謀和，或是採取競爭的策略。因此價格策略上，也有所謂的競爭定價或謀和定價。

在決定競爭態勢和價格時，除非企業本身擁有龐大的成本優勢，否則謀和是比較好的做法。謀和不成，則要避免針鋒相對的價格競爭，將競爭的重點從價格轉變為非價格競爭，例如服務和品質，至少也要降低價格對消費者的敏感度。當以上的策略均不可行時，才考慮進行價格競爭。

五、謀和定價

除了上冊提到的觸動策略、公會定價、最惠國待遇、價格領導、吸脂策略外，還有功能定價、折扣券競爭、和焦點競爭（focal point competition）等，不具競爭性的定價方法外，還有下列定價方式可以考慮。

功能定價（Functional Pricing）

功能定價，指的是定價反映產品的功能（functionality）。例如，汽車價格，通常以馬力和車廂大小來定價。因此可以汽車價格作為應變數（dependant variable），馬力和車廂大小作為自變數（independent variables），進行迴歸分析（regression analysis），可以得到馬力和車廂大小，對價格的影響。

1980年以前的電腦定價，主要是以CPU的運轉速度，例如MIPS（Million Instruction Per Second，每秒百萬運算）和記憶體的大小，作為定價的基準。

從策略的角度來看，功能性定價，將競爭的重點從價格轉變為以產品的功能作為價格的基礎。事實上，是以產品的功能，作為謀和的基礎。競爭者之間，避免了血淋淋的價格競爭。

從管理的角度來看，功能性定價，可以作為驗證研發績效的工具。研發單位研發的目的，在於增加產品的功能。例如，產出速度可以增加多快。但任何功能的增加，都需要增加成本，決定是否要從事提高功能的研發計畫，可以先用功能定價的迴歸分析，分析出因為功能的增加，消費者願意支付的價格。

例如，某項產品有下列的功能價格公式，其中P為價格，X_1 和X_2是產品功能：

$$P=a+b_1X_1+b_2X_2$$

從現有的市場價格中，透過迴歸分析，可以得到b_1及b_2。

如果研發人員要將功能１增加到X_1，可以將新的X_1代入上述功能定價的公式，就可以得到新的價格，明確得知因為產品的功能增加，顧客願意支付的價格。再以此價格，和研發及產能相比，即可決定研發所應投入的金額。

例如，以台灣2004年國產車的價格為自變數，國產車的引擎容量（c.c.）和大小（長度乘寬度，平方公分）為產品功能，可以得到下列的公式：

P價格= -246363.3 + 308.368 x 引擎容量 + 3.93x車高x車寬

R^2=0.944 （可以解釋94.4%價格的變異數）

如果研發人員要增加引擎容量300c.c.，而車身大小不變，由上述公式可以算出，消費者願意多付台幣二萬九千四百元（300*308.368），廠商可以根據這個條件來研判，是否要採取加大300c.c.的引擎。

折扣券競爭（Coupon Competition）

折扣券指得是廠商發行的一種憑證，消費者可依憑證享受折扣。例如，麥片廠商在報紙上印行十元的折扣券，消費者將折扣券剪下，拿到商店購買該品牌的商品，即可享受十元的減價，商店再依據折扣券，向廠商請款。

原則上，折扣券是價格歧視的一種做法，只有對價格敏感的顧客，會花時間剪下折扣券，再帶到店裡去兌換；而價格不敏感的顧客，則願意以原價購買商品。

從競爭的觀點來看，折扣券使用到相當程度，會成為價格競爭。尤其是小廠商進入市場，會以折扣券變相做價格競爭。所以當對手發行折扣券時，應該如何應對？

舉例而言，如果可口可樂的市場佔有率是七成，百事可樂市場佔有率是三成，為了和可口可樂競爭，百事可樂發行三元的折扣券。消費者只要打開瓶蓋，憑瓶蓋的折扣戳記，購買第二瓶百事可樂，就有三元的折扣。這時可口可樂應該如何對應？可口可樂基本上有三個對應策略：

（1） 不予理睬，聽任百事可樂以低價搶奪市場。這顯然不是可取之道；

（2） 降價三元，以對抗百事可樂的折扣競爭。但可口可樂市場佔有率有七成，全面降價，損失過大，得不償失；

（3） 可口可樂也發行折扣券，買下一瓶可口可樂，也有三元的折扣，這和降價三元一樣。但是可口可樂的市佔率高，每罐折價三元，連價格不敏感的顧客，也得到三元的優惠，損失不貲。

經過分析，以上三種策略均不可取。這說明了大廠對小廠價格上的挑釁，不能在價格上予以回應。對於小廠的折扣券的競爭策略，大廠的最佳策略是：宣佈接受對手的折扣券。以上述例子而言，可口可樂宣佈拿百事可樂瓶蓋上折扣戳記購買可口可樂，也可以享受三元折扣。

大廠對小廠價格上的挑釁，不能在價格上予以回應。

接收對手折扣券有許多好處：

（1） 對手市佔率小，就算接收全部的折扣券，損失也比全面降價，或全面發行折扣券要好；

（2） 接收對手折扣券，還可吸收對手的消費者，變成自己的顧客；

（3） 可以有效壓制對手，降低對手日後再發行折扣券的誘因。對手發行折扣券的目的，無非是想搶市場佔有率，但本身接收對手的折扣券，還可以吸收對手的顧客，將對手折扣券的用處減弱，對手是勢必考慮停止發行折扣券。

因此全面接收對手折扣券的做法，可以有效將價格競爭消弭於無形。

焦點競爭（Focal Point Competition）

焦點競爭是指，競爭者有意無意間，將價格定在某些焦點價格上，避免無謂的價格競爭。焦點競爭是一種產業間的默契。

舉例而言，百貨公司通常對衣服的定價均以1,490元、2,490元、3,990元等，接近500元、1,000元的整數。很少採用3,129元這樣零散的數字。原本定價應該是3,220元的衣服，會定價為3,490元。當競爭者都採取「焦點」定價，廠商間自然迴避了「錙銖必較」的價格競爭，同時增加了彼此的利潤。

焦點競爭的形成，基於人類處理訊息時，習慣於簡化訊息，易於導向「大家認同的共識」。「大家認同的共識」就是所謂的「焦點」。

例如，在生活中和朋友約在台北市見面，多數人會選擇台北火車站，或一〇一大樓等地標，因此「焦點」成為「默契」，延用到市場上，則避免了價格競爭。

筆者有次參加台大EMBA會議，議程中論及EMBA的學費收費方式，希望從學期固定學費制，改為學分計算制。因為會議現場，並沒有其他學校EMBA學分費的參考資料，決議時決定，如果要採學分收費，每一學分，以一萬元計算。

待開完會才發現，其他以學分單位計算的EMBA學校，學分費竟然都是一萬元。「一萬元」不約而同成為「焦點」。不必經過謀和的程序，也不需要協調機制，焦點競爭自然形成謀和的結果。

混淆定價

如果競爭者不願謀和，廠商也不願意進行赤裸裸的價格競爭，則可以先在市場上，採取不同的產品規格，藉此制定出不同的價格，這樣一來，市場的價格被混淆了，減少消費者比價的機會。

例如洗髮精的定價和容量有關。甲廠商的容量和乙廠商的不同，為了避免消費者的比價造成直接的價格競爭，廠商設計不同容量的產品包裝。

又如，汽車的價格有的包含全車的配備，有的只是陽春車；還有，房屋貸款逾期繳款的罰則，其費用各不相同，有些定價已包含服務費用；購買挖土機的價格，也可以包含兩、三年的零件更換和服務，但也可以是陽春價格。這種稍加變化的做法，使消費者無從比價。

再如電訊業者的定價各家不相同。每位消費者應該根據自身的需求，來選擇每個月最優惠的費率。但一般而言，電訊業者對於超出月租費率的分鐘數收價很高，消費者因為擔心超出分鐘數而繳交昂貴的費用，通常會選擇較高分鐘數的費率。如果消費者真的依據本身撥打手機的分鐘數來選擇費率，電訊業者就無從獲利。這是另一種利用價格混淆，來獲取利潤的情形。

六、競爭定價

謀和不成，混淆定價也行不通時，廠商就要考慮價格競爭的策略。

要進行價格競爭，廠商首先要有成本優勢。沒有成本優勢，則要有深口袋（deep pockets），意即資源深厚，可以支撐長期的價格戰。

要進行價格競爭，廠商首先要有成本優勢。

許多廠商經常沒認識清楚：沒有價格戰的本錢，就不該打價格戰。競爭的價格策略有下列幾種：

經驗曲線定價

當廠商具有經驗曲線，亦即成本隨著產量下降，廠商可以使用經驗曲線，作為定價的基礎。藉著經驗曲線，取得成本的優勢，將競爭者逐出市場。

例如廠商由下圖的經驗曲線：

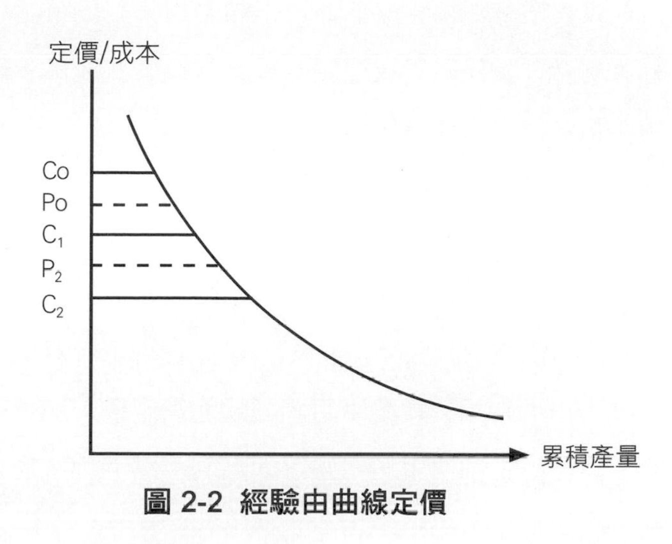

圖 2-2 經驗由曲線定價

舉例而言，在零期時，廠商的成本為C_0，這時廠商的價格是P_0，比C_0要低！這並不是故意要虧錢，而是採以價養量的做法，以低價格來刺激銷售。當消費需求增加，生產也會跟著增加，這時廠商的成本，將沿著經驗曲線下降。

到第一期時的C_1，廠商即可獲利；待第二期，廠商再降價到P_2，永遠領先對手降價，以價養量，以量殺價。

只要循著經驗曲線下降，正向循環，對競爭對手產生極大威脅。如果對手在經驗曲線上落後，在成本上無法競爭，最後便會選擇退出市場。

利用經驗曲線定價，是一種高危險的策略，稍一不慎，即會傾家蕩產。

德州儀器（Texas Instrument）在電子計算機和電子錶進入市場初期，曾經使用過經驗曲線定價，結果競爭者利用新技術，創造出另一條更陡峭的經驗曲線，最後將德州儀器驅逐出市場。

反觀大陸生產微波爐的格蘭仕，利用經驗曲線定價，將小廠悉數趕出市場，取得獨大的地位。現在已經成為全世界微波爐最大的公司。年產量超過一千萬台。

掠奪式定價（Predatory Pricing）

掠奪式定價，是有成本優勢的廠商大幅降價，將對手趕出市場，取得獨佔地位後，再提高價格，彌補原先降價的損失。掠奪式的訂價，理論上並不可取。

> 掠奪式的訂價，理論上並不可取。

掠奪式定價，首先要將對手趕出市場，價格上必須要長期低於對手的變動成本。在大幅降價後，廠商本身的財務損失，將會非常嚴重。

如果對手固定成本高，絕對不會束手就縛，降價幅度會非常可觀，降價時間一拉長，損失會更嚴重；如果對手的固定成本低，進入市場的門檻不高，就算退出市場後，隨時可以再回頭。因此難以達到真正掠奪式定價的目的。由於降價損失過大，不如將對手購併，比進行掠奪式定價，可能更為有利。

其次，就算把進競爭者逐出市場，競爭者宣告破產，但競爭者的生產設備還在，可以將生產設備廉價賣給其他廠商。結果新的業者可以較低的資金成本跟原有廠商競爭，因此掠奪式定價，反而創造出低成本的競爭者，可謂得不償失。

其三，如果產業的進入門檻低，廠商降低價格，把競爭者逐出市場，然後再恢復高昂的獨占價格，在此同時，難保沒有別的競爭者進入，於是廠商又得再度降低價格，把新的競爭者趕出市場。如此這般，週而復始地進行掠奪式的定價，長期而言，對廠商的財務損失實屬嚴重。

由於這三個主要的原因，掠奪式的定價策略並不多見。除非廠商要從掠奪式訂價，建立廠商競爭性強的形象，如果廠商在許多市場和對手競爭，在某一個特定市場進行掠奪式訂價，會給其他潛在的競爭者一種警惕，讓潛在的競爭者，不敢再進入其他市場。

因此掠奪式的訂價，除了策略性聲譽效果的目的以外，不宜輕易採用。

價格戰

競爭定價的結果，通常是價格戰。價格戰的結果並沒有真正的贏家。所以價格戰是非不得已，絕對不採用的殺手策略。

價格戰的目的，通常是想將對手趕出市場。但對手也有固定投資，除非是小廠，否則退出產業的情況很少發生。不僅如此，一旦價格戰開打，價格降低，也連帶降低了消費者對產品的價值觀念。影響更深的是，價格戰後，市場價格再也不容易漲回來。

價格戰的結果並沒有真正的贏家。

因此價格戰到最後，不但無法達成原有的策略目的，反倒降低消費者的預期，價格戰的虧損又極為龐大，幾乎得不償失。

美國航空公司，便是價格戰的犧牲品。由於航空業的固定成本高，價格戰一開打，一定慘不忍睹。

以洛杉磯到舊金山（600公里）的機票，原價單程200美元。在價格戰時，居然降到39美元。 當時有人嘲笑，39美元的低價，吸引太多旅客，飛機在加州上空漫天飛，連陽光都遮掉了，加州不再是陽光州。

事實上，美國航空公司1992年，一場價格戰所造成的虧損，超過過去十年利潤的總和。

台灣的掃描器產業，也曾歷經過價格戰的浴血。台灣掃描器產業的產出，佔全球90%，還有自有品牌。在1997年時，可分為四個組群。

第一組群，是掃描器三劍客（全友、鴻友、力捷）；

第二組群，是自有品牌的惠普；

第三組群，是供貨給惠普的廠商（例如虹光）；

第四組群，是剛進入的廠商，規模較小。

第一組群的三劍客認為，降價可以將供貨給惠普的第三組群廠商趕出市場。一旦惠普失去供應商，就會找三劍客供貨，屆時三劍客就可以獨佔市場。

全友為此首先發動價格戰，掃描器一口氣降價一半，開始了為期兩年的浴血價格戰。

沒想到，惠普早料到三劍客的策略在於切斷他的供應鏈，因此在價格戰之下，依靠品牌優勢，市場價格不用下降太多，但仍然保護虹光的利潤。如此堅守奮戰了兩年，只有第四組群的小廠退出，一場價格戰下來，只有虹光仍然獲利，三家掃描器業者，三年虧損達一百億台幣，真是一場不必要的攻略。

打價格戰有其前提。首先，廠商本身要有成本優勢（但有成本優勢，不一定非得打價格戰）；其次，價格戰的結果，往往只有一、兩家可以存活。如果產業結構是寡佔的結構，沒有一家會輕言撤退，價格戰的結果便是血流成河。

如果只有一家廠商，有規模成本的優勢，其他都是小廠，價格戰可以輕易地將小廠掃地出門。因此價格戰的應用，要視產業的競爭生態而定。

七、結論

策略的目的，在於追求股東利益的極大化。無論策略為何，策略必須要透過價格策略來實現股東的利益。因此價格策略，是執行既定策略重要的一環，也是影響獲利最重要的因素。

傳統的價格策略，只是將成本加成定價，其實價格應該以策略的角度來考量，並以價值和競爭態勢來決定。價格策略除了利潤目標外，還要考慮策略目標。

價格策略可以有各式各樣的做法，基本上是根據廠商的競爭優勢，如果廠商在定價上有主導的空間，必須考量不同客戶，收取不同的價格。如果必須要考慮對手的定價，價格策略的選項是競爭？還是合作定價？最不可取的是價格戰。只有在極少數的情況下，掠奪式定價和價格戰，才是可行的策略。

本章精論

1. 價格是影響利潤最重要的因素。
2. 策略必須要透過價格來實現利潤。
3. 價格雖然重要，其他策略性的因素，卻是決定價格的基本要件。
4. 價格應該是競爭的最後手段。
5. 沒有競爭力的企業，沒有價格策略。
6. 有些顧客願意用不同的價格，購買相同類型的產品。
7. 完美的價格歧視：每一位顧客都付出他所願意付的最高價格。
8. 雙段定價的策略必須防止競爭者套利。
9. 可以針對「產品差異化」作為價格歧視的基礎。
10. 價格歧視要避免產品自蝕。

11. 要能夠自行定價，先決條件是市場地位。

12. 大廠對小廠價格上的挑釁，不能在價格上予以回應。

13. 要進行價格競爭，廠商首先要有成本優勢。

14. 掠奪式的訂價，理論上並不可取。

15. 價格戰的結果並沒有真正的贏家。

策略精論

進階篇

第三章

購併策略

一. 購併的基本現象和趨勢

二. 購併的績效

三. 成功的購併策略

四. 購併的過程

五. 併購後的整合

六. 海外購併策略

七. 結論

* 美國百年前購併經驗重現中國大陸
* 聯想的豪賭
* 魏爾如何打造花旗帝國
* 高科技公司設立的創投公司
* 美光（Micron）購併海力士（Hynix）的交易結構

策略上，購併是很好的策略工具。

購併（M&A, Mergers and Acquisitions）指的是收購其他公司，納入自己麾下，或者和其他公司合併。

從策略的觀點來看，購併可以達到許多策略目標。例如快速進入新市場、減少競爭。因此在策略上，購併是很好的策略工具。

可是從策略「管理」的角度而言，購併卻是非常困難的管理活動。從購併策略的形成；購併價格的評估；購併後的整合，都是管理上難度極高的挑戰，因此購併成功的比率低。

雖然成功率偏低，並不表示不能做。就像多角化經營一樣，購併是必須學會的管理工具。成功率低也要學著做，不懂購併的公司，長久而言，無從發揮可資延伸的核心競爭力，成長的機會將大受限制。因此購併策略，是國外大型公司常用的策略。

購併策略是國外大型公司常用的策略。

美國大型公司，每個月購併的案件，大大小小有十件之多。研究顯示，高成長的公司有40%，是靠購併達成的。思科（Cisco）、花旗集團（Citi Group）均是透過購併的手段，成為產業界的巨擘。

購併更是進行多角化常用的手段，將近七成的企業多角化經營，是透過購併達成的。在21世紀初，美國前三年的購併案例有下降的趨勢，但是在2004年，又有復甦的跡象。在1995到2000年間，美國國外購併的金額，更是呈指數成長。

公元2000年，美國企業購併的金額，超過兩「兆」美元，有將近九千個併購個案，占全美國民生產毛額的20%。由此可見，購併活動在經濟上，有其重要的地位。

最近幾年，亞洲的購併活動日益增加，2004年的購併金額，高達1,040億美元，大多集中在中國、香港和韓國。中國快速的成長，將近2千件的購併案件，吸引了250億美元的購併。

國外的購併活動蓬勃發展，國內的購併法也於2002年通過，國內的購併活動方興未艾，但多屬金融業的購併活動，形成金控公司，對有志於策略管理的其他產業，有必要對購併做全面而深入的了解。

由於國外的購併活動已有百年歷史，值得國人借鑑擷取經驗。下文首先介紹美國近百年來，購併活動形成的環境；其次從美國的經驗中，導出成功的購併策略；然後解釋購併的步驟。

購併宛如在馬上得天下，但不能在馬上治天下。

購併宛如在馬上得天下，但不能在馬上治天下。購併的策略目標，要經過整合的程序才能實現。最後將論及購併後的整合（post merger integration），這正是購併成功與否，至關重要的因素。

美國百年前購併經驗重現中國大陸

百年前的購併浪潮，對美國的產業影響深遠。話說一百多年前的工業革命，徹底改變了企業經營的環境，不僅僅是機器取代了人力，更重要的是，因此創造出了大量的規模經濟（economies of scale）與範疇經濟（economies of scope）。這樣的轉變，重新塑造了企業的競爭生態，透過購併的洗禮，經濟體制銳變為以大型企業為主的產業結構，奠定了像美國這樣的大型經濟體，並且鞏固了一百多年經濟發展的基礎。

工業革命之前，美國經濟以農業為主。基本上是人工勞力密集的產業，規模小，散布各地；但在蒸汽機發明之後，機器代替人力，成本大量降低，經濟規模擴大；但在幅員遼闊的美國，只降低生產成本並不夠，還必須降低運輸成本，大量生產的產品，才能在廣大的市場上銷售出去。

例如，大型的麵包工廠，如果只依靠馬車來運送貨物，市場的範圍太小，消費量少，不足以支持規模大的工廠。一直到19世紀末期，美國完成全國的鐵路系統，運輸成本大幅降低，經濟規模的效益才開始顯現。一方面為了實現經濟規模，另一方面為了避免過度競爭，美國原來以中小企業為主的經濟體系，開始進行空前絕後的大規模合併，形成所謂的托拉斯（Trust）。

例如，通用汽車、美國鋼鐵公司，都是當年由中小企業，合併而成的龍頭公司。美國企業這一次的合併，被稱為「獨占的合併」（Merge for Monopoly），引起了反托拉斯法的設立。

除了合併外，大型企業紛紛興起，如通用電器（GE）、西爾斯（Sears）、柯達（Kodak）、嬌生（Johnson &Johnson）、寶鹼（P&G）等。最重要的是，這些在百年前形成的大企業，成為各產業的領導者，獨領風騷達百年之久，至今難撼其地位。事實上，美國在19世紀末、20世紀初所形成的大型企業，如奇異（GE）、美國鋼鐵公司等，取得了美國產業，近百年的主導地位。

美國百年的購併活動，對海峽兩岸均是殷鑑。目前中國大陸的產業結構，和美國百年前類似。在過去「條條塊塊」（條條指的是部門，塊塊指的是區域）的計畫經濟下，各地方政府為求自給自足，枉顧市場機能，設立規模過小的工廠，僅汽車業即有百家之多，每家平均產能，每年只有數萬輛。但在市場機能運作下，小汽車廠沒有辦法生存，只好走上合併之路。

進入WTO後，大陸目前零散的小公司，無法和國際的大廠競爭。日後規模經濟和範疇經濟，勢必主導中國大陸的產業結構，中國大陸定會步上美國的後塵，在交通及電訊設施完成時，從地方經濟轉變成全國經濟，全國性的大型企業，將藉由購併脫穎而出。根據美國產業發展的歷史來看，這些新興的企業，能長期主導中國企業，將像奇異、通用（GM）、寶鹼一樣，主導重電業、汽車業和消費品產業。

如果美國的歷史可作為前車之鑑，誰能在這波產業結構重整的購併浪潮中勝出，誰就能主導未來百年中國企業的發展。宏觀而言，購併調整了產業市場的結構，創造出下一波經濟成長的契機；微觀而言，購併是企業進入新產業，和重組產業的利器。購併的策略意涵，不言可喻。

對於台灣企業而言，大陸的契機不過5至10年，必須及早卡位，做好策略佈局。統一企業有可能成為中國的通用食品（General Food）；大潤發有可能成為中國的沃爾瑪（Wal-Mart）百貨；台塑可成為杜邦（DuPont）或艾克森石油（Exxon）。有意利用購併作為策略工具的企業，值得在此時好整以暇、運籌帷幄一番。

一、購併的基本現象和趨勢

購併的浪潮與動機

在美國的歷史上，至少興起了五次購併的浪潮。一百年前，為了實現工業革命所帶來的規模經濟，美國的鋼鐵業、汽車業等，進行大規模的合併，形成了各產業獨占的托拉斯（Trust）情形。而這一波的購併浪潮，可以說是「為獨占而併」。後來引發了反托拉斯法（Antitrust Laws）的制裁，購併的金額，占當時GNP15%的比重，至今仍然獨占鼇頭。

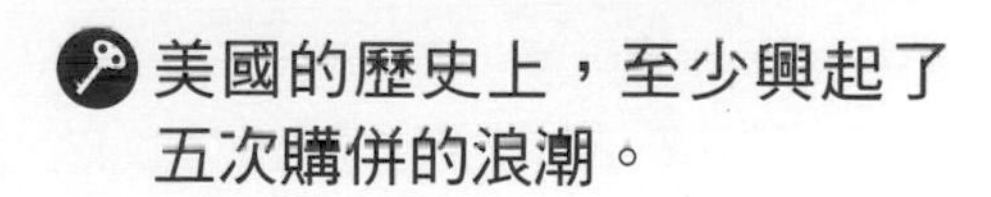

第二波購併的浪潮，發生在1922至1929年間，主要的購併活動，集中在化工化學和食品業，創造了各個產業的大型寡占公司，這一波的浪潮卻是「為寡占而併」（merge for oligopoly）。這兩次的購併浪潮，都屬於購併同業的「水平購併」，動機在於擴大市場占有率，提升市場的地位。

到了1960年代，美國因為打越戰，政府的支出大幅增加，經濟、股票市場蓬勃發展，各公司手上的熱錢滾滾，此際流行的，是將毫無關聯的企業，合併成為異業結合的多角化集團企業（conglomerates）。當時華爾街迷信金錢遊戲，認為透過購併進行不相關的多角化成為集團企業，一定可以降低風險，產生綜效（synergy），優秀的管理人員，可以將其聰明才智，運用到不同的企業。因此像ITT這類生產通訊設備的公司，理應可以多角化經營旅館業、租車業，而電子業的RCA可以進入出版業。當時的觀念認為，只要自身本益比高，可以購併本益比較低的公司。合併之後，既提高成長率，又實現綜效，使得股價上漲，雙方利益均霑。

因此在60年代末期，投資者不顧專家的警告，炒高集團企業的股價。企業為了符合市場的預期，紛紛購併不相關的企業，這股風潮一直持續了四年才終告破滅。

從1965年到1969年，集團企業股價的漲幅，是標準普爾指數的3.6倍。若在1969年的高峰，購買集團企業股票，到了1970年5月的平均損失，達86%！最後遇上70年代的高利率，才澆熄了這股狂熱。

到了80年代，60年代購併的集團企業紛紛重組，相繼出售非核心企業，重新回到基本面。至此，「非關聯性多角化」的流行，正式壽終正寢。除了少數公司（如GE）外，多角化經營，反而成為票房的毒藥。集團企業的本益比，反而低於一般的企業。

LBO是當時特殊經濟環境的產物。

到了80年代中期，美國華爾街又出現LBO（Leveraged Buyout, 舉債買回）的購併風潮。這次狂熱的理由，和60年代集團企業的概念完全相反。60年代集團企業的狂熱，建築在個別企業市值的總和，小於整體企業的市值。因此值得將個別企業，集合成集團企業。而LBO的發展，卻基於整體企業的市值，小於個別企業市值的總和。因此值得將企業拆分。LBO是當時特殊經濟環境的產物。

70年代末到80年代初期，油價高漲，通貨膨脹嚴重，利率飆到20%以上，股價大跌。但企業的重置成本，並沒有隨著股市的崩盤而下跌，反而因為通貨膨脹而上升。當公司股價一直下跌，而重置成本一再上升，到了某個程度，便創造出套利（arbitrage）的機會。

聰明的投資人，自然想到，先借錢在股市裡買公司，買到公司後，再將公司的資產，在市場上出售，然後將出售所得，還清借款，再重新上市。通常公司的經理人，最清楚公司資產的價值，因此由公司經理人，以公司名義，發行大量垃圾債券（Junk Bond, 低於投資評等的債券），大量舉債，再向股東買下公司，隨後再分割出售，還清借款。

台灣也曾發生過LBO的狀況。舉例而言，欣欣百貨在2002年時，股價跌到每股11元新台幣，以股本7億3千萬元計算，公司市值只有8億元。但是欣欣百貨擁有位於台北市林森北路精華地段的百貨大樓，約有9千坪，每坪市價約新台幣25萬元。如果當時欣欣百貨的經理人以公司名義，舉債8億元，加上自己集資1億元，付給股東1億元的溢價，買下公司（共9億元），再將大樓分割出售，就算市價20萬元一坪，全部出清後，將借款還清，獲利絕對不止一倍。

看到套利機會的美國前財政部長賽蒙，在1981年投資3萬3千美元於Gibson Greetings，經過LBO後，2年回收7千7百萬美元。因此1985年華爾街吹起LBO流行風。

由於LBO舉債比例極高，所發行的債券低於投資評等，成為垃圾債券。垃圾債券的狂熱，產生了企業掠奪者（corporate raiders），專以發行垃圾債券，惡意購併公司為能事，購併大行其道，股價也水漲船高。但隨著利率下跌，股價上漲，套利空間緊縮，LBO及垃圾債券的基礎逐漸削弱，投資者避之唯恐不及，這股風潮終在90年宣告結束。

到了1995年，在網際網路積極發展下，網路公司的股價高不可攀，形成另一波熱潮。過於強調網路的外部性（network externality），快速做大做強（get big fast）成為最高指導策略準則。因此產生另一波，以股權交換為主的購併風潮。透過購併，網路公司成為百貨公司，在短時間內迅速壯大。例如，美國線上（AOL）認為網路服務商，在寬頻網路出現後，價值會被通訊公司所取代，必須要取得對於電影、新聞等內容的控制權，才有競爭優勢。因此出價1,650億美元，購併時代華納（Time-Warner），掌握內容產業，創造新的通訊、媒體、娛樂（CME，Communications、Media and Entertainment）產業。

隨著網路和資訊科技（IT，Information Technology）的發展，企業的管理成本降低，管理一百萬顧客的系統和一千萬顧客的系統，成本差別不大。可以實現的經濟規模亦日趨擴大，因此由1995年到2000年中，超大型的購併大行其道。購併金額超過2百億美元的比比皆是，占所有購併金額的20%。

例如，美孚石油（Mobil）和艾克森的合併，金額高達860億美元；花旗銀行集團和旅行者集團，合併的金額超過700億美元；摩根銀行以570億美元購併第一銀行（Bank One），雙雙成為資產上兆美元的金融公司。但大多數的購併，發生在資訊密集的產業，例如金融業和CME產業，這些購併是為了實現IT帶來的經濟規模，因此多是同業間的購併。

小結

從過去一百多年的經驗，我們可以得到下面幾個結論：

首先，購併活動有密集發生的趨勢，不發動則已，一發動則不可收拾。不僅從總體經濟的觀點，有流行風潮之說，就算單一產業，也有一窩蜂的現象。從賽局理論而言，當競爭者在競相購併彼此時，採取隔岸觀火、獨善其身，不參與購併的活動，並不是最佳策略。因此購併風潮一經啟動，就有一系列的骨牌效應。這在製藥業、金融業、能源業、汽車業、電訊業，屢見不鮮。這些產業透過購併，市場集中度因而急劇增加。

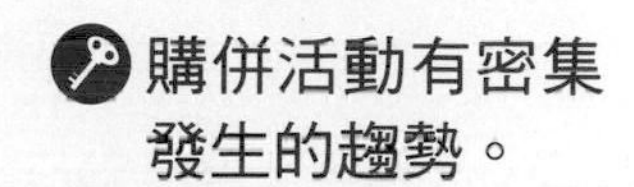
購併活動有密集發生的趨勢。

第二，購併的浪潮，反映當時競爭生態的變遷。第一次購併浪潮，肇因於工業革命和鐵路網的形成；第二次購併浪潮，反映經濟規模的產生和產業的整合；第三次購併浪潮，可以說較不理性，反映當時寬鬆的金融環境；第四次的購併浪潮，反映高利率、高通膨的經濟環境；第五次的購併浪潮，來自於網際網路的興起，IT產業的進步。對於這些競爭生態的變遷，企業的應對策略就是購併。從產業的經營環境而言，也是如此。

購併的浪潮，反映當時競爭生態的變遷。

製藥業經過幾十年的研究，新藥的發現愈來愈困難。為了維持利潤，各廠原本堅守專精的領域（心血管、消化系統等），而後各藥廠開始進入競爭者的領域，競爭轉趨白熱化。再加上各國政府，對醫療成本加強控制，藥廠面臨競爭生態的改變，對應的策略，就是展開全球性的購併，然後整合成幾家國際大藥廠。

在全球電信業、汽車業、金融業，甚至商用軟體業，如甲骨文（Oracle）購併仁科（People Soft），都是透過購併，增加市場集中度的現象。

第三，購併的浪潮，大多發生在股票高漲的年代。股價高，以交換股權方式購併，成本較低。但購併的多寡，和股票市場興衰間的因果關係，並無定論。也有一說認為，購併活動一開始，會形成風潮，目標公司的股價會上漲，因此可以帶動整體股票市場的上漲，因此是購併活動引發股票市場的高漲，而不是股票市場高漲引發購併浪潮。

購併的浪潮，大多發生在股票高漲的年代。

第四，購併手段可調整產業的經營體質。通常企業的經營，在遇到環境劇烈的變化，或市場的發展不如預期，例如產業經常會對未來景氣的發展，過度樂觀而做出過度的投資，因此造成產能過剩。從賽局理論而言，自動削減產量，不會得到競爭者的合作。只有減產的廠商，會遭受損失。因此產能過剩的產業，要協調大家減產，基本上是不可能的任務。**最好的做法是合併，合併後大家的利益一致，再調減產能，比較容易成功**。因此，購併是調整產業動態的工具。

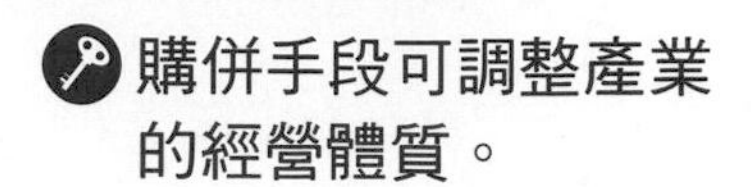

在英美法系的國家，對於企業的行為限制較少，購併活動較頻繁。因此遭遇經濟的變遷時，調整得較快。但如大陸法系的德國、日本、台灣，購併活動限制頗多，經濟體系調整得很慢。

二、購併的績效

事實上，購併是極為困難的管理技術，不容易成功。研究結果發現，大約有四分之三的購併績效不佳，多以失敗收場。國內的跨國購併，幾無成功的案例。許多購併的收益，不僅低於資金成本，甚至虧損累累。

以AOL併購時代華納為例，當初購併時，AOL付出超過數百億美元的溢價（premium），在帳上列為無形資產。2002年，因為無法實現購併預期的利益，提列高達五百五十億美元的損失，不可不為慘重。

大型的研究發現，在購併消息宣布後，主購公司的股價，立即下跌平均7%。這只是平均數。當然，股價因此上漲的案例也有，但是並不多見。

併購策略的形成和執行之不易，由此可見一般。購併雖然不容易成功，並不表示，購併是萬惡的淵藪，不碰為妙。這道理就像推出新產品，新產品的失敗率也相當高，廠商不會因為新產品的失敗率高，就不推出新產品。購併可以提供策略上諸多的利益和彈性：購併不但可以增加市場的地位；延伸核心競爭的能力；快速進入新事業；創造出市場上的主要廠商；同時還是企業多角化的利器。對購併應持的健康態度是：充分了解購併可能帶來的風險，若能多培養購併的技術，便可在策略空間上，多一個運用的選項。

購併的績效不佳，最主要有四個誤區：

（一）購併的目的，在於達到策略目標，但購併究竟是不是達到策略目標，唯一的選擇？

（二）購併的對象是否正確？

（三）購併的價格和交易的條件是否合理？

（四）購併後，是否容易整合成功？

購併失敗的主要原因，是購併策略不對、或購併了錯誤的對象、或是購買的價格太高、再者是購併後整合失敗。因此購併除了策略面，還有執行面，要面面俱到，才能竟全功。稍一疏忽，購併即失敗。因此購併必須要經過嚴密的考察過程，絕對不是心血來潮的產物。下文即是成功的購併策略，和有紀律的購併過程。

三、成功的購併策略

世界通訊（WorldCom Group），以購併建立的千億美元資產的通訊王國，但最後卻成為美國有史以來最大的公司倒閉案；2004年12月，聯想宣布購併IBM個人電腦事業部門。從策略、對象、價格而言，這次購併案都是極大的挑戰（見下文）。

聯想的豪賭

經過23年的掙扎，2004年12月IBM終於決定，擺脫個人電腦事業部門，這塊「食之無味，棄之可惜」的雞肋。將PC事業部門以十七億五千萬美元，賣給中國最大的個人電腦製造商聯想集團（Lenovo Group）。聯想付給IBM現金六億五千萬美元，承受五億美元的債務，IBM同時取得六億美元的聯想股票，佔聯想股份的18.9%。消息一出，市場一片譁然，莫不認為這簡直是聯想的豪賭。

IBM個人電腦部門的問題，肇因於IBM當年進入PC市場的策略錯誤（見《基礎篇》第9頁）。IBM雖然在1973年，研發出全世界第一台PC，卻是落後蘋果電腦進入PC市場的公司。為了在蘋果電腦攫取大部分市場之前，先行吸引顧客，IBM採取了「快老二策略」（fast second mover），以快速進入市場、追求市場占有率，作為攻佔市場策略的最高指導原則。因此採取外包做法，作業系統向微軟購買，由英特爾（Intel）供應微處理器，以減少IBM自行研發設廠的時間。更重要的是，IBM採取了開放系統設計，讓其他廠商一起參與PC硬體和軟體的開發。IBM在不到一年的時間，就推出個人電腦，更因眾多軟、硬體的配合，IBM在兩年內，就取得了個人電腦三分之二的市場。

始料未及的是，短暫的成功，對IBM卻造成幾近毀滅的影響。首先，外包的做法和開放系統策略，雖然在短期間，產生市場佔有率的功效。但其敗筆在於，沒有模仿障礙、而且毫無差異化，創造了競爭者崛起的機會。也正因為IBM這無心插柳、美麗的錯誤，造就出台灣資訊業，日後蓬勃發展的局面。

此外PC對IBM最大的衝擊，在於PC取代IBM主機電腦的市場需求。PC的運算速度愈來愈快，相容界面愈來愈友善，功能愈來愈強大，在使用的便利性上，IBM主機電腦無法與之抗衡。當時主機電腦是IBM的金母雞，毛利高達70%，然而好景不再，逐漸受到個人電腦的侵蝕，獲利逐年衰退，IBM的股價也應聲挫敗，從1987年的一股180美元，跌到1994年的44美元。

1994年，IBM面臨危急存亡之秋，幸而IBM新任執行長上任，將IBM經營策略改弦易轍，從硬體製造商，轉型定位為全方位的服務公司，股價這才止跌回升，擺脫IBM進入PC市場後的夢魘。

惡夢雖然結束，但PC終究是一塊雞肋，雖然IBM的PC部門，年度營業額高達百億美元。但獲利低迷，利潤只有1%不到。根據聯想以美國證券管理委員會（Securities and Exchange Commission, SEC）的文件，IBM的PC事業部，在2002年損失1億7千萬美元；

2003年損失2億5千6百萬美元。但IBM提出辯解，這些虧損實際上是來自於某不良零件的高保固成本所造成。

IBM最後決定壯士斷腕，毅然割掉這塊「食之無味、棄之可惜」的雞肋。

錯誤策略的結果，非但椎心而且刺骨，造就的是一步錯、步步錯，再回頭已百年身。如果當年，IBM能自己掌握PC的作業系統，就不會有微軟（市值是IBM的兩倍）的立足之地，而IBM的市值，會比現在還高上3倍。或者當年IBM買下英特爾，也不會淪落到今天這步田地。

從IBM的策略角度，賣掉PC事業部門，其實是符合長期的經營策略。IBM已經成為IT服務廠商，近十幾年來，IBM陸續賣掉硬體製造業務。賣掉印表機部門，成為Lexmark；賣掉生產工廠，成就了Selectron、Flextronics。3年間，PC的成長率只有2%，賣掉不賺錢的PC部門，只是遲早的事。二十年滄海桑田，IBM遍嚐PC的酸甜苦辣，還是得走出當年錯誤策略，所設下的死胡同。

再從全球佈局而言，PC部門對IBM的用處並不大，中國卻是IBM未來佈局的重點。中國政府擁有聯想一半以上的股份，中國政府念茲在茲的，就是希望早日進入世界五百強。IBM的PC部門賣給聯想，正好讓聯想成為，中國第一家進入世界五百大的公司，IBM給中國政府一個大禮，雙方建立友好的關係，對未來在中國的事業版圖，有加分的效果。

聯想是中國最大的PC公司，當年因為在地化的設計，使得聯想成為中國PC的霸主。近年來，面臨市場上激烈的競爭，尤其是戴爾電腦的角逐，聯想的寶座倍受威脅。戴爾挾其獨特的經營模式進入中國，直接挑戰以通路為主的聯想。兩年廝殺下來，聯想顯然也像惠普一樣，無法破解戴爾的魔咒，股價連連下跌。2004年聯想在香港的股價，已經下跌30%，此時聯想在策略上，勢必要有所突破，才能轉敗為勝。

聯想以國際化的策略，來衝破重圍。當初沒有人認真思考，聯想應該如何國際化；更沒人想到，聯想會斥巨資，購買IBM的PC部門。一夕之間，聯想躍升成為世界第三大的電腦公司。也如願成為，中國第一個進入Fortune世界五百強的公司。

聯想總共花市值的60%，買下IBM的PC部門，新公司的全球總部設於紐約，主要營運中心設於北京與美國北卡州羅利市（Raleigh）。

聯想擁有五年的品牌授權合約，及商標的所有權。IBM則保留PC服務和融資部門。聯想必須付IBM服務費用，IBM也應允，未來會購買聯想的電腦。最重要的是，IBM原來PC事業部門的總裁，留任新公司的CEO。雖然這筆交易的價格稍高，但給聯想進入世界舞台，一個迷人的開端，其實聯想的挑戰還在後面。

關鍵的問題是，IBM的顧客，是否依然成為聯想的顧客。IBM的PC客戶，有一半是政府機構和跨國公司。這些客戶，不見得對聯想情有獨鍾。另一半則是中小企業，約莫有一半，也不會移轉到聯想。這些顧客要求的是品質和服務，這正是戴爾的拿手絕活。有的分析師認為，聯想在自家都很難和戴爾在成本上分庭抗禮，又如何在全球市場和戴爾競爭？

聯想的第二個挑戰，就是如何獲利？聯想最近一年，賺1億3千萬美元，但要保留IBM的PC事業體，全球多達一萬名的員工，包括美國的2千2百人，不裁員如何扭轉獲利不佳的困境？

聯想只有5年的時間，經營成全球知名的品牌，這對任何一位經理人，都是極大的挑戰。再加上PC的利潤低，沒有餘力在全球做廣告。更何況聯想一下要接手比本身大3倍的公司，起初還可以靠IBM的老臣撐場面，5年之內，聯想該如何培養本身的經營團隊？

其他的挑戰，還包括文化和管理風格的融合。IBM會不會賣出聯想的股票？聯想只有4億美元的現金，又要現金增資，稀釋聯想股東的股權。宣布購併後，聯想的股票在香港連日下跌。

歷史似乎不站在聯想這邊，有史以來電腦業的購併，鮮有成功的案例。當年三星購併美國第五大筆記型電腦公司AST Research，也以失敗收場；康百克購併DEC 及 Tandem，也是一敗塗地；HP和Compaq 的合併尚未看出成效。無怪乎麥克戴爾（戴爾電腦董事長）說：「電腦業已經很久很久，沒有成功的購併案例」。聯想將公司的命運，一把賭到這一次的購併案。

聯想購併IBM的PC部門，改變了PC產業的競爭生態。原本IBM的PC，是向台灣的廠商採購，是否會因此轉移到大陸？對台灣而言，還是趕快和戴爾發展更深厚的關係，戴爾勢必趁聯想還沒站穩腳步前，搶奪原屬於IBM的市場。

此外，有一就有二，未來幾年，說不定有其他的PC國際大廠退出舞台。台灣公司應該利用現在培養跨國經營、行銷管理的能力，屆時台灣的公司，才有大展身手的可能。否則到時機會來了，躍上舞台才發現沒有生、旦、丑角，只得唱一齣獨角戲。

從股東報酬而言，聯想在香港的股價近五年（2005-2010）的表現和購併康百克的惠普類似。豪賭沒有失敗，也沒成功，但卻遠遜於策略轉型的宏碁。

正確的購併策略，最最重要的，是要有清楚的策略目標，和嚴守財務紀律。除了策略目標外，以前的研究亦顯示，成功的購併策略有下列幾種：

（1）小規模，而且和主購公司有技術、市場、生產相關的購併，比較容易成功。隔行如隔山，相關性低，不好管理，亦無綜效。相關性愈高，容易實現綜效，由於規模不大，可以在買到後，利用母公司的行銷和製造規模，加速成長。這是Buy and Build的策略。

（2）經過一系列購併，在產業中建立前三大的市場地位。很多產業由中小企業組成，沒有龍頭老大，如果可以透過購併的手段，將有潛力的公司合併，可以實現經濟規模。通常一件購併，並不能達到公司的策略目標，必須要進行好幾個購併案。例如，中華開發購併大華證券，以進入消費金融領域。但這只是開始而已，隨後還要有一系列的購併，才能在消費金融界，占有一席地位；花旗集團的魏爾，就是透過一系列的購併，創造出花旗金融帝國。

（3）經營績效佳的公司，購併經營績效差的公司，較容易成功。各公司的管理水準不同，如果經營績效不佳的公司，購併管理優良的公司，通常文化落差太大，非但整合不易，一旦面臨經營團隊離開，原本經營好的公司，可能會被拖累。所以績效好的公司購併績效差的公司比較容易成功。

（4）主購公司有強大的核心競爭力，本業競爭力強，透過購併，利用被購廠商的產能，與主購公司的品牌兩相結合，併購較易成功。換言之，購併是延伸核心競爭力的手段。研究顯示，當主購公司沒有核心競爭力時，無論被購公司的能耐有多少，對於主購公司均無助益；沒有核心競爭力的主購公司，也會被購併拖垮。購併不是弱勢公司的策略選項。

購併不是弱勢公司的策略選項。

四、購併的過程

購併失敗的機率高，因此不能拍腦袋定案，一定要採取較嚴格、有紀律的方式來處理，步步為營，稍一不慎，將前功盡棄。整個購併的過程，就是要避免上述四個錯誤：策略錯誤、目標錯誤、價格太高、整合不順。更重要的是購併的目標，購併目標可分為策略目標、效率目標、和財務目標。理想上，購併可以達到策略目標和效率目標，然後自然達到財務目標。

購併可以達到策略目標和效率目標，然後自然達到財務目標。

魏爾如何打造花旗帝國

全球最大的金融集團非花旗（Citi）莫屬。花旗集團CEO魏爾（Weil）成功的傳奇，更是膾炙人口。但要了解魏爾傳奇，得先了解這四十年，美國金融業的變遷史。

魏爾利用大環境的變遷，來完成他個人的霸業。魏爾成功的策略就是購併。透過一系列的購併，從小到大，逐漸從小蝦米成為大鯨魚。問題是，購併是美國投資銀行的拿手好戲。為什麼魏爾在群雄環視下，能夠脫穎而出？關鍵正是他獨特的購併策略。

美國的金融業，自魏爾參與以來，經歷幾波翻天覆地的變革，每一次大變革，就有大型公司無法適應新的競爭環境，成為魏爾的購併目標。魏爾的購併的對象，素來是大型的公司，已有客戶基礎，但是經營不善，成本過高。魏爾納入囊中物後，重新擬定策略，削減成本，擴大版圖，然後等待下一次機會的來臨，再重複前次的成功法則。一直到成為最大的金融機構。

1960年代，美國因為參與越戰，政府的支出大量增加，創造了繁榮的經濟，股市也走大多頭市場，那時流行複合企業的購併。購併的風行，造成目標公司股票上漲，能夠獨具慧眼，看中標的物的證券公司，很快就能脫穎而出。魏爾的公司，就靠嚴密、深入的研究報告，在這一波的購併浪潮裏一炮而紅，奠立後來發展的基礎。

華爾街60年代的盛宴，在70年代石油危機的陰影下結束。石油危機帶來的高利率，造成許多證券公司的危機。對於魏爾而言，危機反而是轉機，趁人之危，以便宜的價格收購大型公司，這便是羽翼剛剛豐滿的魏爾的核心競爭力。透過一系列的購併，接管大型證券公司，魏爾建立了席爾森王國，成為僅次於美林證券的華爾街第二大證券商。

80年代開始，美國證券業，經歷了競爭生態的改變，原來證券業只要和證券業競爭，但保險鉅子Prudential藉著購併，也進入證券業。專業的證券業，必須和金融百貨業互相競爭，逼使魏爾的證券王國，和其他業者合併，才有雄厚的財力可資一較長短，因此魏爾的席爾森和美國運通合併。但合併後，魏爾無法大權獨攬，也無法在新的老闆手下工作，最後被掃地出門。當時沒有人相信，他還能有東山再起的一天。

1980年後，在高度通貨膨脹下，利率高漲，股票市場慘跌，但重置成本高昂，造成買公司、賣資產的套利機會。舉債買回在垃圾債券的推波助瀾下，大行其道。美國金融業再度生氣蓬勃，孰料提供魏爾老驥伏櫪的機會，在多頭市場的經營環境下，魏爾首先從巴爾第摩（Baltimore）的高利貸公司出發，再一次開始他的收購——整頓——等待機會——收購的循環。一路殺回紐約的華爾街，憑藉的還是他利用危機，購併大型對手的本領，和購併後整頓的能耐。當購併的金額越來越高，規模越來越大，購併了Premerica，取得美邦（Smith Barney，投資銀行）的主導權。接著買回當年入主的席爾森，後來利用一次颱風造成保險公司理賠的危機，入主信譽良好，亟需現金的旅行家（Travelers）保險集團。最後和花旗集團合併，成功地站上美國最大金融機構——花旗金融集團董事長的寶座。魏爾的策略，在美國變遷的金融環境中，發揮得淋漓盡致。

無獨有偶，當年魏爾的左右手戴蒙（Damon），被魏爾開除以後，擔任摩根集團的總裁。在購併Bank One後，也成為和魏爾平分秋色的金融集團，分別控制一兆美元以上的資產。

1.購併的策略目標

要進行購併，第一步就是要擬定購併的目標。從策略的觀點，購併可以達到下列目標：

（一）**增加市場佔有率**：水平購併，意指購併產業內的競爭者。例如，統一購併光泉，目的在於整合產業間的競爭，減少一個勁敵，同時拉大與對手的差距。

（二）**多角化和快速進入新事業**：根據研究，75%的多角化經營，是由購併達成的。購併比自行設廠要快，因此購併是多角化的利器，但成功比例不高。

（三）**進行鎖喉策略**：垂直購併，垂直購併指得是購併買主或供應商，用以鎖住競爭者的銷貨渠道，或切斷對手的供應鏈。例如在網路書店競爭初期，Amazon的對手 Barnes & Noble，試圖購併圖書業最大的大盤商，用以切斷Amazon的書籍供應，但為美國司法部禁止。美國電影業，早年也以購併下游連鎖電影院，來阻擾對手的電影銷售。

（四）**減少對手利用購併擴充的可能性**：當年如果聯電購併世大電機（為台灣第三大晶圓代工廠商），將超越台積電，成為全球第一大晶圓廠。因此台積電搶先購併世大電機，排除聯電購併世大的可能性。

（五）**離開本業，進入新產業**：美國製罐（American Can）即為鮮明的例子。製罐業的上游是大型的鋼鐵公司和製鋁公司。罐子賣給啤酒商、可口可樂、百事可樂。上下游的業者議價能力龐大，因此製罐業利潤微薄，美國製罐將工廠賣掉，以購併方式，進入保險和金融業，改名Premerica，最後賣給魏爾。

2.購併的效率目標

（一）**實現綜效（Synergy）**：綜效指的是１＋１大於２的效果。例如KTV的歌曲，通常有唱片公司的獨家授權。錢櫃購併好樂迪，可以提供顧客全面性的服務，又可以增加和唱片公司議價的能力，當然還可以增加市場地位，在台灣幾乎有獨佔力量。錢櫃合併好樂迪又可藉殼上市，合併在策略上是正確的。

另一個案例是金控公司的形成。台灣過去銀行業、證券業、保險業等金融行業，分業經營，銀行不得經營證券和保險業務。在政府提供大量租稅優惠的推波助瀾下，台灣金融業，開始走向綜合銀行（Universal Bank），混業經營。金融業可以透過購併跨業經營，形成所謂的金控公司。台灣金控公司在形成前，號稱有3C的綜效。3C是節省成本（cost savings）、交叉銷售（cross selling）、降低資金成本（cost of capital）。實際上如何呢？台灣的金控公司是異業結合，能夠結束分行、裁員節省的成本有限，目前看不出有降低成本的做法。這和美國的銀行業合併，馬上可以裁員數萬人，節省人力成本的做法，簡直相去甚遠，相差不可以道里計；交叉銷售也有利益衝突的問題，銀行的分行，是很好的保險銷售通路，但母公司的保險產品，不一定是市場上最好的產品。因此銀行會受到母公司的限制，無法銷售市場上對客戶最有利的產品；至於資金成本，對於原來的大型銀行，影響不大。所以形成金控公司，無法解決台灣金融業缺乏國際競爭力的問題。

台灣金融業的問題，是金融機構太多。金控公司不是解決之道，而應該鼓勵水平購併。銀行購併銀行，證券業購併證券業。

大多數的購併，事前都信誓旦旦，揚言有多少綜效，所以要出高價買下對方。根據研究，大多數的公司，對於綜效過於樂觀，通常無法真正實現。所以購併案中，一定要有財務紀律，確實評估在行銷、生產、營運、MIS等成本的節省，才不致犯下出價太高的致命錯誤。

（二）**延伸核心競爭力**：例如雅虎跨國購併，買下台灣奇摩；電子灣（eBay）買下台灣ubid.com，均是延伸核心競爭力的購併案例。

（三）**利用多餘產能**：廠商可以購併新品牌，利用現有多餘產能。例如P&G購併地區品牌，再利用本身的行銷能力，將地區品牌提升成為全國性品牌。

（四）**購併的財務目標**：實務上，也有從投資的觀點來看購併。其主要目的，是在購併過程中獲利，並不是想要永久經營目標公司。

首先，目標公司市場評價過低，買下以後再整頓出售。例如矽統原為晶片設計公司，股價高達百元。但因為向後垂直整合，花費不貲，自設末代八吋晶圓廠，降低資金生產力，股票大跌，後為為聯電所購併。

美國有所謂的企業掠奪者，專門購併經營不善，但可以重組改善的公司。當這些企業掠奪者看中某家公司時，先買大約百分之五的股票，然後再宣示，意欲購併目標公司。如果目標公司不同意被購併，有時便會以較高的價格，將其手中的股票買回。企業掠奪者可藉以大賺一筆；如果目標公司不反抗，購併後即大肆整頓，儘量壓出現金流量，然後再出售圖利。有時，現金榨光後，公司已無剩餘價值，就宣布倒閉。例如TWA航空公司，就是因為高現金流量（來自於飛機的折舊），被企業掠奪者Icahn看上。購併後榨乾現金，最後宣告倒閉。其實企業掠奪者，也同時扮演清道夫的角色，對於不實現股東利益、經營不善的公司，是個警訊。企業如果不追求股東利益，自然會有人利用購併的手段來代勞。

其次，目標公司有尚未利用的資產，例如土地、現金及信用額度，可以進行財務操作。當年房地產狂飆時，握有大批土地的公司，均是被覬覦的對象。

再者，購併也有稅務的考量。如果公司本身虧損，可以購併獲利的目標公司，兩者會計報表合併，原本獲利抵消虧損，便不用繳稅，但這只是短期做法。如果主購公司長期都不能獲利，也沒有存在的必要。

除了購併，企業還有策略聯盟、合資、長期合約等手段，可以達到策略目標。因此要避免購併的第一個錯誤概念：購併是不是最好的策略？必須要檢驗購併的目標為何，不同的策略目標，可以採取不同的做法，購併不一定是最好的選項。因為購併過於複雜，陷阱又多。例如，高科技公司為了創造大量使用者而形成產品標準，常以公司設立的創投公司（corporate venture capital）達到目標，而不需要用購併的手段。

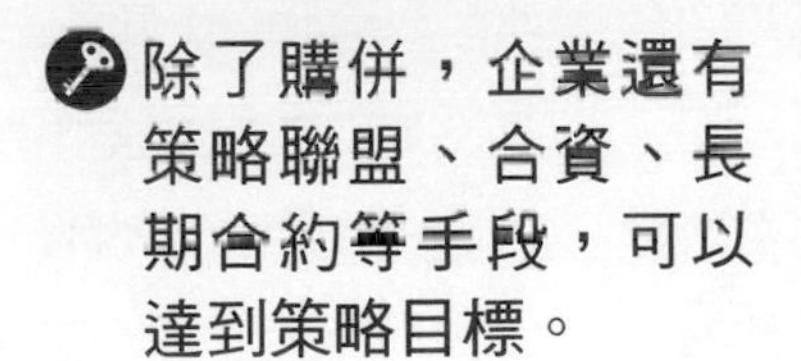

高科技公司設立的創投公司

現今的高科技產業，是各種技術的整合。因此高科技公司，需要其他公司研究、設計、生產，配合公司的互補產品。例如，英特爾64位元的微處理器，必須要其他公司投資，生產能利用英特爾64位元的下游產品。當然購併這些公司是一個做法，但英特爾有更高明的做法：設立一個創投基金，稱為64Fund。由創投基金投資與64位元有關的製造商，用意將英特爾的64位元微處理器，拱成產業的標準。除了64Fund之外，英特爾還設立了通訊和數位家庭創投基金。投資的標的，在於協助英特爾在通訊和digital home的業務。英特爾設立英特爾創投基金（Intel Capital），規模達到75億美元以上。

高科技公司的創投基金，和一般的創投基金不同。高科技公司的創投基金，除了財務報酬的目的外，還要有策略目標，要能提升本業的競爭能力。英特爾的投資，都是和微處理器、通訊（Wi-Fi）、和數位家庭有關。例如，2000年10月英特爾和美國職籃協會（NBA）合資設立新公司，提供消費者，線上觀賞NBA籃賽的服務。其目的即在於，利用發揮其微處理器的功能。

其次，高科技公司挾其本身對高科技的了解，資金使用上，比一般創投基金更有效率。可以用知識賺錢。

再者，高科技公司的投資，也代表對投資標的的肯定。新公司無不希冀獲得知名度高的高科技公司青睞，高科技公司比一般創投基金，有較高的議價能力。再加上有名的高科技公司（如英特爾及微軟）控制產業的標準，他們的投資標的，必會受到相當程度的保護，價值因此水漲船高。原本價值10元的股票，有了英特爾的加持，可能會漲到15元。

2000年前，英特爾（Intel）等高科技公司的創投基金，也是公司金母雞。英特爾不僅是晶片製造專家，也是出色的投資專家。2000年第2季，英特爾在本業的利潤為24億美元。業外投資的利潤不遑多讓，也有23億美元。投資眼光之準，令人嘆服。2000年2月，英特爾以67美元一股，賣出25萬股紅帽軟體（Red Hat）。稍後，英特爾又以70美元的均價，賣出3千萬股美光（Micron）股票。3年後，紅帽跌幅高達百分之90，美光也跌8成。事實上，美光曾是英特爾投資組合中最大的持股。在美光股價崩盤前的6月底，英特爾只擁有12萬股。英特爾對半導體的景氣，似乎早有先見之明。

不只是英特爾，思科（Cisco）在2000年的投資收入，大賺5億美元（1999年為零）。Oracle2000年2月，以108美元賣出430萬股 Liberate Technologies，賺進4億2千萬美元。如今Liberate已被購併。由於高科技公司優渥的投資利潤，華爾街開始質問高科技公司，是否不務正業，成為變相的投資公司。

事實上，高科技公司之所以能賺投資的錢，在於設立創投基金，投資於和本身業務相關的新公司。由於進入市場早，投資成本低廉，上市以後，逢高出脫，獲利不斐。可以說是用公司的知識賺錢。英特爾的創投基金，分布全球，投資於一千多家公司。

微軟也曾說過，其投資與其他公司的報酬率，高達40%。2000年11月，高通（Qualcom）宣布投資5億，成立創投公司。因此，高科技公司也可以兼營創投公司。

問題是，高科技公司設立創投基金，是不是符合股東的最大利益？反對的一方則認為，高科技公司的創投基金，不符合股東的最大利益，應該將錢還給股東，讓股東自行投資創投基金。但一般的投資人，並沒有高科技公司的知識，透過高科技公司投資，對股東還是比較有利。

但並不是每個高科技公司，都適合設立創投基金。關鍵在於創投的管理能力，是否能勝過一般的創投公司，才是成功的要素。似乎大型、能主導產業標準的公司，比較能達到策略目標。國內高科技公司設立的創投基金，缺乏策略目標，很難贏過經營良好的創投公司。

1．建立購併團隊

確定要使用購併達到策略目標後，主購公司的第二步，就是組成購併團隊。購併團隊負責購併的所有事宜。其中包括CEO、財務專家、行銷、研發、生產等單位的專家。如果是跨行購併，因為隔行如隔山，還要包括產業專家。當然，能夠再包括未來的公司負責人是最好，因為購併的整合，要從購併前就開始全盤規劃。

購併團隊組成後，團隊的任務就在策略目標的指引下，追求策略上的配合（strategic fit）選擇購併目標。

2．選擇購併對象

購併的第二個主要錯誤，就是目標錯誤。購併策略也許是對的，但挑選的對象錯了，結果可想而知。國內廠商到美國購併失敗的案件，遠遠超過成功的案例。原因在於國內企業通常為了減少購併的風險，只想出小錢，降低購併金額，結果是購併到策略錯誤，需要大力整頓的的企業。例如，國內有家晶片設計公司，為了要和英特爾競爭，購併美國一家設計微處理器的公司。這家設計公司，因為已經無法和英特爾競爭才會賣出。出售以後，技術人才離職，至今難有作為。

主購公司要從購併目標，來擬定購併對象的條件。購併對象的條件包括：地區、行業、大小、市場地位、互補性、文化的相容性、管理團隊是否繼續留任等。

大陸的海爾家電，當年是以購併「休克魚」迅速擴張。海爾的張瑞敏認為，活蹦亂跳的活魚，不會賣出。即使賣出，價格也高。死魚無可救藥，購併也沒用。不如購併休克魚，只是暫時無法活動，但還有生機的公司，購併後再進行改善，併入原有公司。

其實購併「休克魚」是危險的策略。當時大陸的經營水準普遍低落，海爾對於如何改善國營企業的管理，有其獨到之處，可以移植到被購併的公司，又有整頓大陸公司的核心競爭力。要有此條件，才能採取購併「休克魚」的策略，否則一般公司並不適合購併「休克魚」。

有了購併對象的標準和條件，下一步就是去搜尋可能的目標公司。購併對象除了公開上市的公司外，不要忘記也探詢大公司的事業部。對於大公司而言，很多事業部是屬於「瘦狗」事業部（見《基礎篇》259頁），他們同時也在尋找買主。例如GE對於事業部的要求，是成為產業的第一或第二把交椅。如果銷售額低於一億美元，又不是第一或第二的企業，就是被賣出的對象。對於小公司而言，這些被GE賣出的企業規模夠大，購併後如虎添翼，不失為購併對象。奇美光電的策略在於自有技術，在購併IBM在日本的液晶（TFT-LCD）部門後，技術來源有了著落，因此奠下未來發展的基礎。

搜尋可能的目標公司，不要忘記也探詢大公司的事業部。

研究顯示50%的購併，是來自於大公司不想再繼續經營的事業部門。

此外，購併要靠機會，機會要靠等待，成功的購併來自於經常評估市場上的購併對象，等到理想的購併對象犯了錯誤，市價低廉，就出手購併。李長榮化工等待購併福聚等了14年。

3．評估購併對象

找到購併對象後，下一步就是要避免購併最大的錯誤：出價太高。

購併通常會付出，比市場價格要高的溢價（premium），才能在市場上收集股票。平均而言，購併的溢價約為10%到20%。但在1995年以後的併購浪潮，購買者的購併價格會比市場價格高出30%到40%。因此購併的績效普遍不理想。部份研究顯示，當購併的消息宣布當天，主購公司的股價大多應聲下跌。因為主購公司通常受到心理因素影響，不願放棄，以致購併價格付出太高。這種情況下，當冤大頭的機會很高，因為主購公司常常以「策略利益」來支持高價的收購，而「策略利益」是渺不可及、無法估算的潛在利益。雖然實物選擇權（real options）的定價模式可以推估「策略利益」，但仍無法探知其全貌，公司財務紀律至為重要，稍有不慎，就掉入冤大頭的陷阱。

在評價購併對象時，先以購併後不改變的現行狀況定價，再加上購併後，整頓所增加的價值。整頓包括：業務上合併所節省的成本，財務結構改變（例如降低發債成本，增加舉債能力）所增加的價值，策略重整（買賣事業部）所增加的價值。

評價（valuation）的方法有淨值法、比價法等等，並沒有定論。這部份屬於財務管理的範疇。超出本書的範圍。

總歸資本市場是有效率的，公司的現時市價，應該充分反映市場上的所有訊息。當從財務觀點評估購併案件時，由於有購併的溢價，財務人員普遍會認為價格太高，財務上不可行。必須要加上策略利益，購併才有可行性。但大多數CEO都會加上太多策略的考量，來加速購併案的進行。這時財務紀律就要發揮煞車的功能，先要確定，究竟有多少可以實現的策略利益，購併才可以進行。這些策略利益，又有多少可以馬上實現？有多少策略利益要投資後才能實現？這些都要經過縝密的財務評估，千萬不要被高不可攀的「策略利益」沖昏頭。而且一定要評估購併的風險，如果購併失敗，會不會拖垮公司？如何設停損點？如果不評估風險，研究顯示，購併失敗的結果通常是自己成為被購併的目標。

一定要評估購併的風險，如果購併失敗，會不會拖垮公司？

4・交易結構

經過評價後，如果認為可行，主購公司對於目標公司展開接觸、談判。將財務評估轉成交易結構。交易結構指得是付款方式、條件和其他要求。例如經營結構等。每個購併案件的目標都不一樣，沒有通則可資依尋。基本上，付款方式可以用股票、債券、可轉換公司債、現金。如果購併是透過股票交換，被購併公司的股東，也是新公司的股東，這時就要談判經營結構。例如，董事會的組成，甚至原有員工的福利。例如有家美商公司，前來台灣購併有線電視業者，台灣廠商出價，一個用戶10萬元新台幣，10萬元是以用戶終身價值來計算。如果一個月的月費，平均是600元，一年就是7,200元，加上廣告費和其他收入，一個用戶一年約略帶來一萬元收入。折現回來，一個用戶值10萬元（現在大概只值5萬元）。買主基本上同意這個價格，但是用戶可以轉檯，買到現有用戶，不一定保證有終生的價值，要賣主保證用戶數，賣主當然不肯，眼看交易就要破局，所幸交易雙方，想出一個交易結構，讓買賣雙方都放心。結果是，1萬用戶值10億元，買方先借給賣方10億元，5年後如果還有1萬用戶，10億元債務就轉成股本，順利完成購併。如果不到1萬用戶，一戶扣10

萬元，再結算給賣主。這個基本架構，就成為雙方談判的基調和交易結構。

交易結構還要包括可能發生的債務，和任何有助於交易達成，雙方同意的事項。美光（Micron）購併海力士（Hynix）的交易結構如下：

美光（Micron）購併海力士（Hynix）的交易結構

2001年，全球DRAM產業前四名廠商為韓國三星（Samsung）、美國美光、韓國海力士、和德國英飛凌（Infineon）。如果世界排名第二的美光，和排名第三的海力士結合，將成為世界第一大DRAM廠商。可以聯合減產，減少價格競爭，拉抬DRAM的價格。而且2001年初，DRAM價格上漲，前景看好。

從美光的觀點，購併海力士，等於購併到產能；從海力士的觀點，Hynix靠舉債經營，虧損不堪，韓國債權銀行實質擁有Hynix，也想丟掉海力士這個燙手山芋。在2001年初，DRAM價格上漲的背景下，雙方洽談和併。

經過數月的談判，美光在2001年4月，同意付1億8百60萬股（市價32億美元）和2億美元現金，購併海力士DRAM事業，和15%非DRAM的半導體事業。但海力士債權銀行一年內，只能出售不超過50%所擁有的美光股票（否則美光股票一定下跌）。而且，海力士的債權銀行，提供15億美元的融資給韓國美光，提升設備產能之用。不但如此，海力士的債權銀行將一四．二八五百萬股，提撥到保管帳戶（Escrow Account），如果將來發現潛在的債務，將由Escrow Account中扣除，美光承諾保留85%的原有員工。

此項交易經過75%債權銀行的批准，但海力士的董事會加以否決。對海力士的董事會而言，海力士的淨值為負，股票已經跌到谷底，情形不可能再壞，如果被購併，所有價值全數歸債權銀行，海力士股東一文也拿不到，如果不賣，還有鹹魚翻身的機會，所以否決和美光的合併。等到七月董事會改選，債權銀行重組董事會，時機已過，美光也沒興趣購併。

到2004年，美國司法部開始調查2001年DRAM市場的價格上漲，是否為大廠聯合漲價，違反美國反托拉斯法，結果英飛凌高階主管首先認罪，被罰款坐牢。所以事後看來，2001年的價格上漲，是人為操縱的結果。當然，美光當時的股價也被高估（約30美元，2008年為7美元）。所以美光才興致勃勃用交換股權方式購併。

5．盡職查核（Due Diligence）

雙方的條件都談得差不多時，主購公司就要進行盡職查核，找出潛在的負債。這些潛在的負債，並不會出現在資產負債表上。例如：

- **退休金債務**：許多公司對員工退休金的提存，都嚴重不足。購併之後就由新公司負責。
- **產品潛在責任**（product liability）：如果產品有瑕疵或缺陷，消費者可以向新公司求償。
- **環境污染責任**：如果目標公司污染環境，所有責任將由主購公司承擔。
- **不合理的合約**：銷售人員答應客戶的不合理過於優渥的條件。這些承諾由新公司承受。
- **勞工責任**：例如老的工廠內，用石綿做絕緣，但員工會吸入石綿致病，這也是公司的責任。

盡職查核做得不夠徹底，會讓整個購併案件失敗。80年代初期，GE進入財務金融業，購併一家投資銀行Kidder, Peabody & Co.。一年以後，發現該銀行牽扯入內線交易，被美國政府制裁，最後還是賣出。

桃園的RCA工廠，當年將有毒物質裝在鐵桶內，埋在工廠後院地下。後來RCA被GE購併，GE又將工廠賣給馬特拉，馬特拉再將土地賣給長億集團，長億集團準備在上面蓋房子時，才發現歷經數十年，鐵桶鏽蝕，有毒物質已滲入地下水，無法使用。當時的罪魁禍首RCA早已不復存在，所有的責任由新公司負擔。這也是盡職查核不詳盡的結果。

6．對方董事會提議購併。

當盡職查核完畢，雙方同意交易結構，可以向對方董事會提出購併的提議。

7．如對方董事會同意被購併，就完成購併的程序，只剩購併後的整合。

如果對方不同意，則進行所謂惡意購併（hostile takeover），直接訴求股東。所謂惡意購併，並非對目標公司惡意，而是針對不願被購併目標公司的管理階層惡意。通常主購公司要付較市價高的價格購併。對股東而言，被購併可以獲得更高的報酬，除非購併條件不夠吸引（例如全是股票，溢價又低），否則何樂不為！但被購併公司的管理階層，被解雇的可能性很高，因此被購併公司的管理階層，會極力反對，主購公司只有直接訴求股東。

例如：中華開發以20元一股購併大華證券。當時大華證券的市價只有14元，溢價高達40%。但大華證券的董事會不同意，中華開發直接徵求股東同意，將股份賣給中華開發。

購併對股東有利，但對管理階層不利。美國的股東為了減少管理階層的抗拒，可以給總經理金色降落傘（golden parachute）。言明如果公司被購併，總經理可以拿到一筆豐厚的紅利離開公司，如同戴著金色降落傘跳離公司大樓；副總經理也有銀色降落傘，當然不若總經理的豐厚；助理副總經理則有銅色降落傘。這樣的安排，高階管理階層的反抗，自然會降低，購併可以進行得比較順利。

8．反購併條款：

有些上市公司認為，本身有其獨特的「長期」策略，市場並不了解，或者沒有耐心等到策略的績效顯現，因此股價偏低，有可能會變為購併的對象。成天活在被購併的陰影下，會打亂公司的策略佈局。因此提出一些做法來反制購併。這些做法有：

- **高價買回（green mail）**：通常購併前，主購公司知道如果購併消息走漏，目標公司的股票會上漲，因此會靜悄悄累積一些目標公司股票。但會在5%以下。若購買超過5%目標公司的股票，美國政府規定，必須要公布意圖。當主購公司宣布購併後，不願被購併的目標公司，可以市價較高價格，將意圖購併公司手上的股票買回。這稱為綠函。相較於黑函（Blackmail），綠函是好消息。

- **毒藥丸（poison pills）**：這是在公司章程內規定，如果公司被購併，就必須採取某些動作。例如規定，如果公司被購併，每股就要發3元現金股利，增加購併難度。

- **白衣武士（white knight）**：白衣武士指得是來救援的第三家公司。例如甲公司要購併乙公司，乙公司不願被甲公司購併，甲公司的購併成為惡意購併，乙公司就去找丙公司，由丙公司出比甲公司還要高的價格，來購併乙公司，丙公司就成了白衣武士。很多惡意購併的案例由白衣武士擺平。表面看起來，白衣武士似乎當了冤大頭，要想購併就該早點動手，等到他人動手後，再出比其他公司還要高的價格，才買到目標公司。事實上，白衣武士大多是同行間的購併，當某一個競爭者，發動購併其他競爭者時，自然會引來其他同行間的類似行為，競價于焉產生。

- **絕大多數通過**：這是在公司章程中規定，要絕大多數（例如四分之三）的股東同意，才能通過被購併的議案。
- **購併主購公司**：目標公司不甘被併，同時也向主購公司的股東購買股份，反向購併出價的主購公司。

當然，這些反購併的行為，並不是追求股東權益極大化，而是管理階層保護自己的工具，法律上的適用性還有待商榷。

五、併購後的整合

「可以馬上得天下，不能馬上治天下」，有財務資源，自然可以進行購併。可是購併之後的管理，卻是一大學問。即使購併策略正確，購併價格合理，只要購併後整合失敗，購併的利益也就無從發揮。

購併失敗都是「人」的問題。

企業購併的綜效，在於競爭優勢的互補及加強，競爭優勢的來源在於組織程序（見《基礎篇》第四章），組織程序的構建，又來自組織文化及人才。因此，購併後整合的重點，在於組織文化和人才的運用。

美國大公司的財務長認為，購併失敗都是「人」的問題。購併的迷思之一，在於可以利用目標公司的人才。殊不知研究顯示，被購併公司的高階經理，由於組織文化衝突，又有「你們」公司，「我們」公司間的齟齬，磨合大不易，會在六個月內紛紛離職，種下了購併失敗的種子。而且公司被購併之後，接下來兩年的離職率，通常高於同業水準。

事實上，整合的規劃，並不是在購併完成後才開始，而是在購併前的3到6個月就要開始。首先，公司一定要先任命一個整合者（integrator）。整合者負責所有購併後整合事宜，他在事先就要參與購併的規劃，知道購併的目的，並參與盡職查核。他對於購併對象有深入的了解，知道購併後，組織和文化整合的障礙，尤其要設計溝通的策略，無論在事前、事後，都必須對員工適時發布消息，安撫人心。否則，有能力的員工，一定是先離職的對象。溝通之前，公司應該先決定，高階主管誰留誰走，因為購併後，高階主管的位子有限，不可能全部留任。若購併後再行調整職務，到時人心惶惶，拖延時日，只會造成重大的損失。

其次，購併的整合速度要快。除了人事的整合外，營運、企業程序（例如績效衡量、新產品發展）均需要快速整合。在購併之後，一定要馬上宣布管理結構、重要職位的任命、新職位的權限，誰向誰報告，均需要馬上界定。文化的整合上，比較有效的做法是輪調，主體公司和被購併公司經理間的交流、或是舉辦「文化營」，都是緩和文化衝突的的做法。

六、海外購併策略

從以上的分析可以導出，國內公司從事海外購併的策略：第一，海外購併的第一個問題是人生地不熟。如果購併本身不熟悉的企業或行業，將無法經營，困難重重。因此要進行購併時，應進行相關性的購併--垂直購併或水平購併。換言之，就是購併一個和本身行業相關的公司，或者購併自已的買者或賣者。例如日本的Bridgestone輪胎公司，購併美國的Firestone輪胎公司，就是同業購併。

以國內廠商而言，如果缺乏的是銷售管道，就要購買美國的銷售公司，是比較可行的辦法。例如：成衣業購買美國成衣銷售聯鎖店，可以提高附加價值。

第二，管理能力的挑戰。台灣公司的管理水準，離美國公司還有一段距離。公司買下來後，如何將美國員工發揮生產力，要靠本身所具有的優良管理能力。建立良好的管理程序，這是國內公司最大的挑戰。本身管理能力薄弱，勉強購併，只會鎩羽而歸。國內公司購併國外公司，幾乎沒有成功的例子。

其次，國外高科技公司不是好的購併對象，因為高科技公司規模都比較小，風險高。購買高科技公司，本身就充滿不確定性；而且高科技公司的科技，都存在員工的腦中，購買很容易，但如何留住科技人才，卻不是件容易的事；就算將員工穩住，高科技公司的價值，在不斷的創新，如何激發員工的創意，發展下一代的產品，是公司成敗的關鍵，這又是管理上的大挑戰。因此購買海外高科技公司困難重重，比開拓新市場的難度還要高；最後，國內廠商規模小，就算屬意規模大的國外廠商，看得上卻買不起，而規模小的廠商用處又有限。因此，要進行海外購併，需要在策略上詳加斟酌。

七、結論

購併常隨著總體環境和技術環境的變化，而造成一波波的風潮。當環境有利於購併時，購併成為策略管理的利器，但如刀之兩刃，成也購併，敗也購併。購併成功，迅速達到策略目標，如虎添翼；購併失敗，不僅拖垮公司，還會淪為目標公司，不可不慎。但若學會購併的技巧，避免購併常犯的錯誤，提高購併的成功機率，策略上能夠揮灑的空間將無限寬廣。但購併是困難度極高的管理，需要比較複雜的管理方法，是測試管理能力的機會。會購併的公司（例如奇異資融、思科），能在短期內，延伸核心競爭能力，迅速成長。但必須要認清，本身是否具有購併所需要的管理能力，才能在購併的過程中實現綜效。

購併中最常犯的錯誤有四：購併策略錯誤、購併對象錯誤、購併價格太高、購併後整合不佳。能夠避免這四個錯誤，購併先立於不敗之地。積極獲勝的購併策略，要配合公司整體的策略。從公司總體策略導出購併策略的準則，再配合嚴謹的財務紀律，購併策略可以將公司總體策略的效益，發揮到極致。

本章精論

1. 策略上，購併是很好的策略工具。
2. 購併策略是國外大型公司常用的策略。
3. 購併宛如在馬上得天下，但不能在馬上治天下。
4. 美國的歷史上，至少興起了五次購併的浪潮。
5. LBO是當時特殊經濟環境的產物。
6. 購併活動有密集發生的趨勢。
7. 購併的浪潮，反映當時競爭生態的變遷。
8. 購併的浪潮，大多發生在股票高漲的年代。
9. 購併手段可調整產業的經營體質。
10. 四分之三的購併績效不佳。
11. 購併可以提供策略上諸多的利益和彈性
12. 正確的購併策略，最最重要的是要有清楚的策略目標，和嚴守財務紀律。

13. 購併不是弱勢公司的策略選項。
14. 購併可以達到策略目標和效率目標，然後自然達到財務目標。
15. 除了購併，企業還有策略聯盟、合資、長期合約等手段，可以達到策略目標。
16. 搜尋可能的目標公司，不要忘記也探詢大公司的事業部。
17. 一定要評估購併的風險，如果購併失敗，會不會拖垮公司？
18. 購併失敗都是「人」的問題。

策略精論

進階篇

第四章

資訊科技策略

一. 策略性資訊系統

二. 網際網路策略

三. 網路的經營模式

四. 網路策略

五. 結論

* 亞馬遜的經營模式
* Priceline的經營模式

自從Remington Rand 公司在1951年推出全世界第一台商用電腦Univac後，電腦科技的進步一日千里，所造成的衝擊，早已不限於科技或是計算，而逐漸成為企業經營策略上重要的考量。更重要的是，資訊科技（Information technology, IT）改變了產業競爭生態，因此，企業的策略必須隨之調整。

資訊科技改變了產業競爭生態。

例如，以往經濟學家所提出的：規模經濟的限制是管理能力的限制。但資訊科技擴大了控制幅度（span of control），管理能力大幅擴大，控制幅度不再是規模的限制。因而，在資訊密集的行業，例如銀行業，超大型公司能利用資訊科技，實現大量的經濟規模，產生大型企業的購併。

隨著這些競爭生態的改變，企業必須要調整經營模式。從競爭優勢的觀點，採用資訊科技，可以創造短期優勢，也成為企業成功的關鍵因素。

例如，提款機（ATM）在引進初期，只有少數銀行有能力裝置，提供顧客便利提款，造成這些銀行的競爭優勢。隨後，因為資訊科技的普及，當競爭者紛紛採用

ATM的時侯，最早裝設ATM的競爭優勢隨之消失。從關鍵成功因素，遭變成關鍵存活因素。

現今資訊科技，無論是ERP（Enterprise Resources Planning, 企業資源規劃）、CRM（Consumer Relation Management, 客戶關係管理）、SCM（Supply Chain Management, 供應鏈管理），儼然成為企業必備的要件。尤其在過去十年，網際網路的迅速發展，造成產業內企業的興衰，對於企業的經營模式，有著深遠的影響，沒有一家企業，可以漠視資訊科技在策略上的地位。

本章首先介紹策略性資訊系統，闡明如何將企業的產品或服務，加上資訊的內容，創造出競爭優勢。然後再詳述，網際網路如何改變競爭生態。廠商應如何擬定電子商務策略，應付網際網路造成的衝擊。

一、策略性資訊系統

管理資訊系統（Management Information Systems, 簡稱MIS）的發展，已經有四十多年的歷史。早期管理資訊系統的應用，主要著眼於內

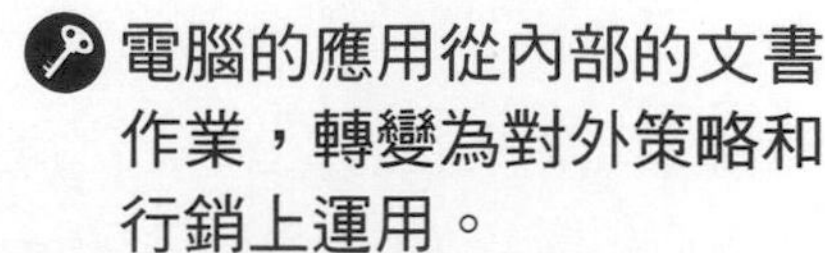

部的使用，重點在財務和會計方面的應用。隨著電腦系統的發展，電腦的應用愈來愈廣，逐漸從內部的文書作業，轉變為對外策略和行銷上運用。

利用電腦的計算能力，以及資訊的儲存能力，管理人員可以利用資訊科技，處理有關消費者的大量資訊，進行資料庫行銷（data base marketing），使資訊科技成為行銷的利器；在生產上，資訊科技可以將經銷商和供應商連線，掌握及時生產和銷售的訊息，據以調整存貨，控制成本；最後將所有的企業活動，利用電腦串連在一起，成為企業資源系統（ERP）。但是這些資訊科技的應用，偏重於作業層面的使用，主要的功能在於降低成本和縮短流程，對於策略上的意義並不大。

從策略的觀點，資訊科技的應用，要能帶來明顯的持久性競爭優勢。其中最有名的策略資訊系統，是航空公司的電腦訂位系統（Computerized Reservation System, CRS）。電腦訂位系統，大約是在1969年開始。經過十多年的發展，美國航空公司（American Airlines, 簡稱AA）首先推出電腦訂位系統。CRS取代了過去旅行社，利用人工找航班時刻、價格，以及轉機的資訊。旅行社的職員，只要輸入目的地以及起飛的機場，電腦就會自動安排所有的旅程，並自動顯示出，各航空公司不同的價格。

CRS看起來很簡單，可是卻為美國的航空公司，帶來極大的策略利益。

資訊科技的應用，要能帶來明顯的持久性競爭優勢。

（1）CRS是透過AA的電腦主機來運作，因此AA可以根據電腦系統的資料，預測未來兩、三個月不同航線的旅客人數。AA並根據CRS提供的需求量，調整飛行班次及票價，這一點是其它航空公司所沒有的。當然AA公司也不願意，將市場需求的資料和其它航空公司分享。

（2）除了未來的市場需求外，AA還獲得相關競爭者的資料。例如，另外一家航空公司，在AA的航線降價競爭，從CRS中，AA可以獲知競爭對手的降價是否有效，是否吸引很多的顧客。這時AA就可以決定，在相同的路線上是否需要削價競爭。一般小的航空公司，根本沒有辦法做到這一點。

（3）航空公司對於顧客，進行大量的差別取價，同一航線可以有二十幾種價格。端看購買的時間、是否直飛、可否退票、可否改變航線等條件。由於經由不同的轉機點，可以到達相同的目的地，美國的航空公司擬定票價，可說是一項非常複雜的過程，一不小心，就會製造顧客套利的機會。要改變航線的票價，經常牽一髮而動全身。但由於有強大的電腦系統作後盾，AA可以在一夕之間，改變六千個航線的價格。價格的改變，帶給其它沒有CRS系統能力的公司，相當大的困擾。因為沒有CRS的輔助，實在無法精確的計算出，如何適切因應美國航空公司的調價策略。

（4）其實CRS最重大的策略利益，在於對消費者行為的控制。利用電腦系統，使旅行社優先預訂AA的機位。方法很簡單，搭機旅客，大約70%的顧客，是屬於商務旅客。由於差旅費是由公司支付，因此這類旅客，對於機票的價格較不敏感。通常也都是由秘書，打電話到旅行社代為訂位。秘書所關心的不是票價，而是要符合老闆差旅上的便利。因此當旅行社的職員，報出航空公司的班機和價格之後，約莫有53%的顧客，直接挑選第一個被提出的航班，而九成的商務旅客，會選擇在第一個電腦頁面中出現的航次。由於這種消費行為，AA在設計電腦訂位系統時，就在任何的訂位要求中，將AA的航班安排在第一個頁面的最上面，會被首先報出，其次才出現其它航空公司的班次。因此在訂位的選擇上，AA享有極優越的策略利益。

其他較小的航空公司，不甘心因為沒有CRS系統，平白損失旅客，盛怒之下，一狀告到美國法院，控訴AA違反「反托拉斯法」，進行不公平的競爭。當法官詰問AA，為何將AA的航班，安排在螢幕的最上端。AA則辯稱，由於在螢幕上出現的順位，依電腦作業的習慣，都是以字母的順序（A, B, C, D….）來排序，因此AA的簡稱，理所當然會優先出現在螢幕上，並不是故意造成不公平的競爭。未料法官也懂電腦，還是判決AA敗訴，規定在螢幕上，各家出現的順序，必須依照隨機變數（random number）來決定。

AA並未因這次敗訴而罷休，後來又利用給旅行社訂位的折扣方式，鼓勵旅行社預訂AA的機位。遊戲規則是，如果旅行社使用AA的CRS，預訂AA的機票，AA加大旅行社的折扣空間，因此旅行社仍然有足夠的誘因，採用AA的訂位系統，來預訂AA的機位。

（5）AA是最先導入CRS的航空業者，也懂得充分利用其先驅優勢。當其進入市場初期，全球「只此一家，別無分號」。因此AA和旅行社簽訂長期合約，不准旅行社在日後轉到其他航空公司的訂位系統。AA另外採取的策略包括：要旅行社預先付一筆訂金，然後降低旅行社的使用費。由於降低了使用成本，旅行社也不太可能再轉換到其他航空公司的訂位系統。這種作法，阻礙了東方航空公司（Eastern Airlines）訂位系統的進入，為此東方航空公司又控告AA，違反「反托拉斯法」造成不公平的競爭。

（6）在面臨西南航空公司（Southwest Airlines）的競爭時，聯合航空（United Airlines） 為了抑制西南航空公司的擴張，將西南航空剔除於其電腦定位系統，打擊競爭者。在推出CRS之後，AA在CRS上的利潤，遠遠超越其他航空公司。可以說是策略上的一大創舉。

CRS的確是具有重度殺傷力的策略武器。置競爭者於十分不利的地位，最後美國政府出面，要求AA將CRS分割成獨立的公司，並售出其三分之二股份，喪失主導權，最後賣出所有股份。AA的CRS，曾經帶給AA策略上絕對的優勢，的確不同凡響，實為策略性資訊系統的濫觴。經過20多年的經營，當年AA的CRS現已成為一家網路旅行社。

在1980年代，另外一個運用資訊系統，獲得策略利益的美國公司，是American Hospital Supply（AHS）。這家公司最主要是供應美國醫院各式各樣的消耗品。例如膠帶、繃帶、手術刀、手術衣等等。AHS利用電腦系統的方式很簡單。他們在每一個醫院的採購部門，都裝上一具電腦終端機。這具終端機只和AHS的主機連線。一旦醫院需要購買任何醫療用品，只要輸入貨品的數量以及型號，AHS就會自動將貨品運送到醫院。

現在看起來，這個系統確實非常簡單。在電腦不發達的80年代，PC剛剛誕生，網際網路也還不存在，這個具B2B雛形的電腦系統卻能將顧客牢牢鎖住。因為當醫院採購部門，熟悉了AHS的系統之後，就不會再想使用其它供應商的電腦系統。由於轉換成本高，AHS佔有先驅優勢，其它的醫療用品供應公司，例如，赫赫有名的Johnson & Johnson反應慢了半拍，硬生生被排擠在外。最後也是走上法院一途，Johnson & Johnson也控告AHS的電腦系統，造成了不公平的競爭。

AHS的做法是，電腦系統除了可以處理訂貨之外，還可以利用電腦幫醫院作好存貨管理，自動把關存貨量，將低於安全存量的貨品補足，同時降低醫院採購部門不必要的支出。

AHS當年的MIS副總常常到伊利諾大學（筆者在美國任教的大學）來講課，介紹他當時的策略創新。特別強調AHS的成功，並不只是靠電腦系統，而是在於AHS本身已經有一個強大的行銷網。它可以提供齊全的產品給醫院使用，品質、成本及價格都具有競爭力，再加上電腦系統，更是如虎添翼。換言之，所謂策略資訊系統，只能幫企業做錦上添花的忙，卻不能做雪中送炭的事。策略資訊系統，無法將沒有競爭力的產品及服務強力推銷出去。

策略資訊系統，只能錦上添花，卻不能雪中送炭。

上述AA及AHS兩個案例，是80年代策略資訊系統的典範。都是在產品無法差異化之下，利用資訊系統，創造出差異化，建立公司的競爭優勢。

到了90年代，PC的普及，加上網際網路的發達，這些策略資訊系統的策略效果，就顯得十分有限，是典型的從關鍵成功因素轉變成關鍵存活因素的案例。但網際網路出現，又使IT成為競爭武器。

二、網際網路策略

任何重要的發明，總是會創造出新的公司取代現有的公司，開創一片新的天地與新的局面。電燈泡發明後，出現了GE；電話發明後，出現了AT&T；電腦問世後，出現了IBM；PC上市後，在20年間，創造了將近1兆美金的市場價值（微軟、英特爾、戴爾三家公司，2004年底的市值，就佔了5千5百億美元）；同樣的，網際網路的興起，是上個世紀末最大的發明。就像PC的發明一樣，網際網路的發明，在短短10年內，也創造出超過5千億美元的市值。不只網路公司的商機無限，幾乎沒有一家公司，可以忽視網際網路對於競爭的影響，從而造成了經營模式的改變。因此現今的企業必須要了解，網際網路是如何改變競爭的生態，以及公司的價值主張（value proposition），從而擬定新的經營策略。

任何重要的發明，總是會創造出新的公司取代現有的公司。

要先了解，網際網路所創造出的經濟利益。

網際網路所造成最大的衝擊，在於以新的利潤創造模式，創造出新的機會（enabled opportunities），這些機會在舊技術的年代是不可能發生的。例如網際網路創造出電子郵件、臉書等等社交的機會，在以往是不能想像的。要了解網際網路的衝擊，首先要先了解，網際網路所創造出的經濟利益有哪些。

一、網際網路經濟觀（Economics of Internet）

網際網路到底創造出了什麼價值？從最基本的觀念而言，網際網路的價值，源於資訊流和實體流的分離。

網際網路出現以前，商品的資訊和商品的實體是合而為一的。例如書籍。傳統上，有關書籍的資訊，必須要到書店裡翻閱才可以獲得。書的資訊和書籍本身，牢不可分。但在網際網路的環境下，商品的資訊，可以和實體的商品分流，資訊走資訊流的通路，商品走物流的通路。網際網路提供了一個成本極低的平台，加速資訊的流通，創造出交易的價值以及減低交易的成本。同時快速的資訊流，再加上網路的互動特性，顛覆了傳統的交易形態。更精確的說，網際網路改變了資訊的豐富度（Richness），和資訊廣度（Reach）的均衡。這一點是網際網路策略形成的基礎，必須再加以解釋。

> **網際網路改變了資訊的豐富度(Richness)，和資訊廣度(Reach)的均衡。**

傳統上，如果資訊內容比較豐富，這樣豐富的資訊，通常在同一時間，只能傳遞給少數人。例如，福特汽車銷售員，可以提供有關福特汽車的豐富資訊。但同時只能面對一、兩個潛在的買主。若要擴大收到相關資訊的消費者人數，由於時空的限制，則必須將資訊簡化。例如，若要將汽車的資訊，傳送給數百萬人，只能將資訊簡化成電視廣告或報紙廣告的方式傳送出去。因此資訊的內容十分貧乏，頂多只能傳遞公司的形象，或簡單少量的訊息。因此傳統而言，資訊的豐富程度高，則能夠觸及的消費者廣度少；反之，如果要傳遞給廣大的消費者，訊息必須簡單，訊息的廣度和豐富度不可得兼，必須要有所取捨。這是 Reach-Richness Tradeoff。這個關係如下圖所示：

圖 4-1 Reach-Richness 的取捨

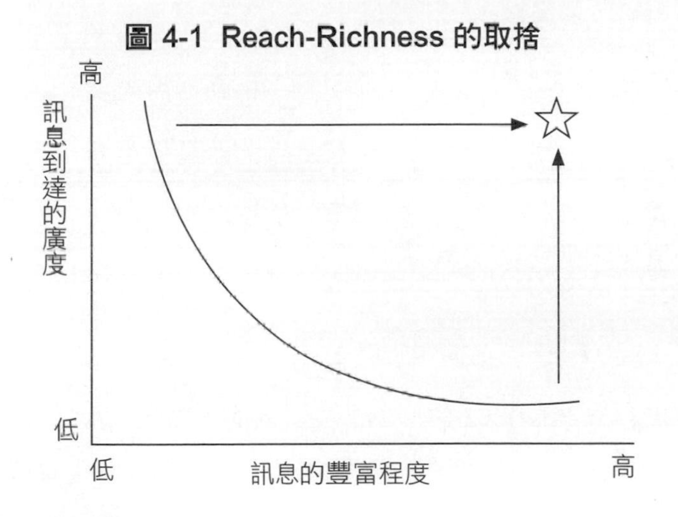

但網際網路的出現，卻將這個關係打破，網路可以突破時空的限制，企業透過網路，可以同時將豐富的資訊，傳遞給大量的消費者。因此可以不需要在豐富度和廣度之間做取捨。

這看似簡單的要點，卻有深遠的影響。網際網路大量降低訊息的搜尋成本，因而降低交易成本，同時增加交易的價值，改變了消費者購買行為，不僅讓舊的經營模式落伍，還創造出新的經營模式。最嚴重的是，數位化的方式，將過去靠訊息創造價值的舊經營模式，破壞殆盡，這是價值的毀滅（value destruction）。最有名的例子，非大英百科全書莫屬。

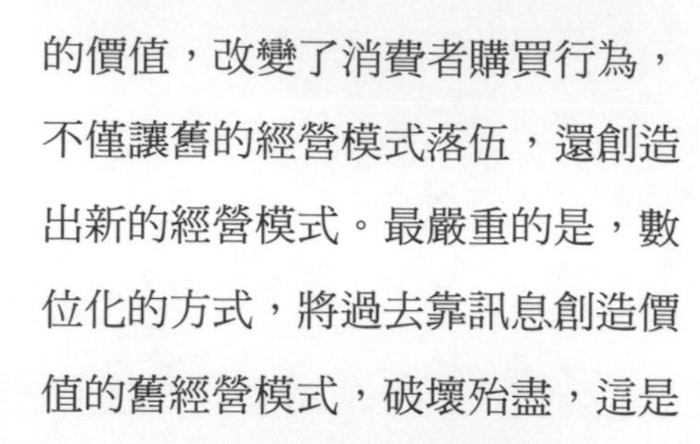

網際網路大量降低訊息的搜尋成本，因而降低交易成本，同時增加交易的價值。

享譽230年的大英百科全書，是數位化的犧牲者。大英百科全書創立於1768年，獨佔世界百科全書市場達兩百多年。到1990年大英百科全書全套32巨冊，一套售價1,600美元，邊際成本250美元，銷售佣金600美元。

1992年，微軟購買第二家百科全書公司Funk&Wagnalls，利用其版權，出版Encarta光碟片，售價49美元。大英百科全書不得已，在1993年先讓圖書館上線查詢其資料，每年收費兩千美元，但徒勞無功。1994年只得發行光碟片，和微軟打價格戰。1996年公司出售給新的投資團隊，但仍挽回不了頹勢。1999年10月在更換新經營者的情形下，大英百科全書只好讓消費者免費上網搜尋資料。現在的Yahoo、Google，也都有大英百科全書的功能。大英百科全書的百年霸業，在短短十年間疾速滑落，幾乎消耗殆盡，價值也被數位和網際網路完全湮滅。

很多以資訊作為創造價值的行業，其價值會在網際網路的環境下遭到取代。例如，在美國傳統的股票經紀商，提供顧客買賣股票的建議，交易員的價值在於將公司的研究報告，摘要簡報給客戶，再推薦顧客可資投資的方向。當然，人工作業的股票交易，索價不菲。1萬元的股票買賣，佣金高達200美元。同樣的交易透過網路，只需要8美元。但網路的缺點是，無法面對面，解說研究報告的精華，有的網路交易經紀商（例如嘉信理財，Charles Schwab）挾其龐大的議價能力，將投資銀行的研究報告，上傳網站供顧客查詢，也有經紀商銷售研究報告。

以往由於reach-richness不得兼顧，因此研究報告的知識，被交易員獨佔。在網際網路的環境下，reach-richness可以得兼，研究報告的資訊流，和股票交易的金流分開，過去集資訊流和交易流於一身的交易員，其價值就被網際網路毀滅。

同樣的情形，也發生在中間商身上。以汽車經銷商為例，汽車的價格、售後服務、車型及其他細節，已由製

網路可以在資訊中，提升消費者決策的品質，增加消費者的滿意度。

造商提供，而經銷商可以做的，只是提供新車讓消費者試開。當租車公司也開始提供試開的服務時，汽車經銷商的價值就被網際網路和租車公司所取代。

其他諸如亞馬遜網路書店，取代了傳統的書店；嘉信理財的網路交易，取代了美林證券昂貴的交易員。短短數年，網路成為各行各業價值顛覆者的角色。

二、網際網路改變競爭生態

從競爭生態而言，網際網路破壞以往的競爭生態，創造出新的生態，因此企業策略要隨之調整。

1.下降的邊際成本

網際網路所提供的服務，固定成本高，但邊際成本方面，基本上和消費者的數目關係不大，因此平均邊際成本，隨著消費者的數目增加而下降。這和數位化的產品類似，在成本上，顯示「規模遞增」的現象，規模愈大，平均成本愈低，因此形成大者恆大的現象。這是電子商務最大的優點，是規模無限制（scalability），和實體產業不同。網路產業的產能不是問題，可以在短時間內迅速坐大。

2.大量客製化（Mass customization）

網路交易的特性之一是知道交易對象。一般人去7-11買一杯可樂，7-11不會留下消費者的記錄。但是網路交易卻會留下記錄。廠商可以根據過去的交易記錄，替顧客設計最適合的產品，或者預測顧客未來的需求，主動提供顧客所需要的產品或服務。

例如，美國運通（American Express）信用卡部門，所賣的家庭裝飾用大型時鐘，銷路奇佳。這是因為家庭裝飾時鐘是非常個性化的產品，有古典的、有現代的、有不同的材質。美國運通可以根據消費者過去信用卡消費的記錄，來精確預測顧客會需要哪一類型的鐘，因此可以進行焦點行銷（focus marketing）。

大量的客製化，提供公司差異化的機會。當網路上的商品大同小異時，服務便成為差異化的重要手段。

例如，美國的超級市場就以客製化的收據，作為差異化服務的一環。顧客在結帳時，先輸入顧客的個人帳號，電腦就會自動顯示顧客過去的購買記錄，在列印出收據給顧客時，收據的背面即印有顧客曾經消費過商品的折價券coupon）。當顧客下次光臨時，出示折扣券，便可以享受折扣的優惠。如此做法，超級市場和商品製造商聯手創造顧客忠誠度。

3.大量商品化（Mass commoditization）

弔詭的是，網路也創造了大量商品化，壓抑了差異化的空間，當商品雷同，而選購成本（shopping cost）高時，廠商還可以就選購成本來創造差異化。但在電子商務下，選購成本降低，造成了大量商品化。

以房屋貸款為例，對客戶而言，向哪家銀行貸款並不重要，房屋貸款的利息高低，才是購買決策的重點。以往銀行利息多不相同，消費者並沒有時間一家一家去詢價。有了網路之後，各家銀行貸款的利率一目了然，徒增各銀行間的競爭。過去消費者資訊不易完全取得，廠商尚有牟利的空間，在網際網路的推波助瀾下，這種價值形同見光死。

4.價值網的產生

網際網路的環境，滑鼠指際之間，即可瀏覽多個網站。頃刻間，顧客可以拜訪其他網站，選購成本低。以往像百貨公司，用某些促銷品，先吸引顧客，再以高的選購成本，綁住顧客的做法，在網路市場是行不通的。網路商店的經營模式是要認真考慮，和其他網站共同形成價值網，有了價值網，才能提供顧客完全的服務。

在價值網的架構下，就有價值整合者（value integrator）的策略定位。例如雅虎的定位並不是搜尋引擎，而是內容整合者（content aggregator）。網站的內容，都是其他製造商的產品，雅虎只創造平台，將各內容的價值，在平台上整合。因此創造出對消費者的價值。

在價值網的架構下，產業的價值鏈，會因為網際網路的出現而重新解構。例如，在網路上開百貨公司（亞馬遜有議價能力例外）並不實際，因為購物的選購成本高，一般的百貨公司提供一次購足的服務。但在網路經濟下，消費者的購買成本低，不需一次購足的服務。尤其是金融服務業，借款存款、投資、信用卡等服務，均可上網找尋價格最划算的服務，不須全部倚靠一家金融機構提供所有的服務。因此，網際網路的興起造成價值鏈的切割，廠商必須追求專門的服務。

在價值網的架構下，產業的價值鏈，會因為網際網路的出現，而重新解構。

網際網路創造出新的競爭生態，企業必須要有網路策略（Internet strategy）。美商唐納利（Donnelley）公司，原為全美最大的雜誌、期刊的印刷公司，以往靠印刷的經濟規模取勝。但在網路經濟下，少量多樣的做法，更能適合消費者的需求。唐納利不再定位成一家印刷公司，而是在價值鏈上重新定位，涵蓋印刷、配送、收款等，所有後勤活動。在新的定位下，書商、雜誌期刊社，只須製作內容（content owner），然後將內容以網路傳給唐納利公司，公司即以數位印刷製作，在全美各據點，印出少量、多樣的期刊，再由公司統一送到書店、報攤。遇到臨時缺貨，則馬上加印、送貨，月底再收帳，這樣一來，減少書店的存貨、書商的應收帳款，大幅提高公司在價值鏈的比重，也成功轉型成數位印刷公司。在網路經濟下，唐納利公司是掌握新策略思維的公司。

5. 行業無藩籬

網際網路的另一個特徵，是行業無藩籬（boundaryless industries）。傳統上，各行業各自獨立，井水不犯河水。但科技的發展，使行業間的藩籬盡除，例如美國線上（AOL）購併時代華納，進入娛樂業；微軟進入網路售車、網路旅行社，在在均顯示，不能再拿行業內競爭者的分析報告，作為競爭策略的基礎，而必須時時考慮到，異業進入的競爭態勢，相形之下，阻絕對手進入策略的應用日趨重要（見《基礎篇》第五章）。所以在新的網際網路競爭生態下，必須要有新的經營模式（Business Model）。

三、網路的經營模式

經營模式指的是企業創造價值的方式。包括產品及服務提供的結構（architecture），以及收入的方式。

經營模式講究策略定位和價值主張（value proposition）。價值主張指的是企業的經營模式和競爭的模式，對顧客創造更多的價值。例如，賣西瓜可以透過大、中盤商盤貨，或是直接到產地購貨。在賣的時候，可以一斤一斤賣，也可以採每個西瓜固定價格出售，先來先選，這就是不同的經營模式。

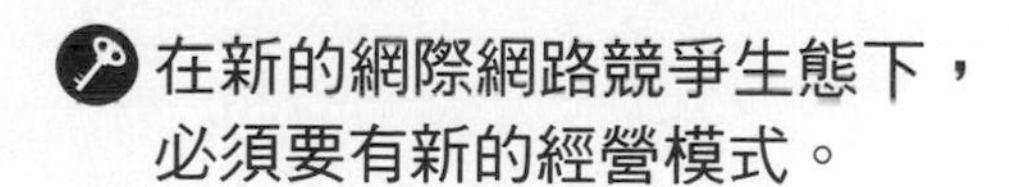

在網際網路上的經營模式，大多有三種：第一種是交易（transactional）模式。交易模式又可分為B2B(Business to Business，企業對企業)、B2C(Business to Consumer，企業對消費者)、C2B(Consumer to Business，消費者對企業)等。但每種模式的經濟分析均不一樣；第二種是訊息模式（informational model）。以提供訊息為主，例如雅虎等，均是以提供訊息為主的網路公司；第三種是提供通訊平台，成為價值整合者。換言之，價值整合者係將不同的網站、個人，組成虛擬社區、商店，提供溝通平台，以創造其價值。

能夠充分利用、發揮網路rich-richness可以得兼的優點。亞馬遜（Amazon）、電子灣（eBay）、由你定價旅遊網（Priceline），成為創造新經營模式的典範。

亞馬遜的經營模式

亞馬遜自1995年創業以來，即在業界造成一股B2C的旋風。創業之初，亞馬遜的策略定位，就是全世界網路最大商店。創辦人是普林斯頓畢業的Benzos。開辦之初，亞馬遜選擇賣書為最初的項目。這一點非常重要。

首先，書是非常個人化的產品，不同人看的是不同的書，消費者有幾千萬，書的數目也有數百萬，如何將數千萬消費者，和數百萬書籍相配對，讓消費者順利買到他所要的書？實體書店充其量不過兩、三千種書，無法滿足消費者的需求。電腦最大的好處，在處理大量資料。因此網路可以擔任仲介（broker）的角色。網路賣書，正好利用網路交易快速媒介的優點，從中創造出顧客價值。

其次，買書的消費者，都是長期顧客，可以實現顧客的終生價值（life time value）；再者，美國買書的消費者，大都是大專畢業，25～60歲的顧客，這些顧客的家庭所得，比美國平均家庭所得高出50%，亞馬遜除了賣書之外，還可以賣其他產品，給這些較富有的消費者。

除了仲介的角色外，大量的客製化、一對一行銷、與其他網站連結、存貨少、週轉率高、完整的服務、全年無休等的經營方式，都是充分利用網際網路的Reach和Richness的特色。但亞馬遜最重要的成功關鍵，是「虛擬」公司的價值創造。

（一）和實體的書店相比，虛擬的網路書店，由於不需要銷售人員，平均亞馬遜每位員工的銷售額，是一般實體書店的三倍。

（二）亞馬遜提供顧客書籍的相關資訊。顧客買書都不是即興式購買（impulse buying），因此買後再退書的比例，低到2%，和實體書店的20%～30%相比，大幅減少人工處理退書的成本。

（三）亞馬遜不需要累積存貨，只需要留兩、三千種熱門書籍，其他書籍都存在大盤商的倉庫。等客戶訂貨後再訂書，使存貨週轉率高達二〇，比一般書店高4～6倍。

（四）虛擬書店節省了租金成本（佔銷售的10%）。美國跨州購買還可以省下各州的銷售稅（書價的5-9%）

（五）資金成本低，顧客訂書後，通常第二天就可向信用卡公司收貨款，40天後才付款給書商，節省流動資金。

（六）最令人驚訝的是，資本生產力。由於不需投資於流動資金（存貨、店面、應收帳款），固定投資亦少，一元資本，可以產生的銷售額，超過實體店面甚多。亞馬遜的資本週轉率，高於邦諾書店的40%，因此有能力降低價格，和實體書店進行競爭。這幾點優勢，將網路虛擬書店的好處，發揮得淋漓盡致。到2002年2月，亞馬遜宣佈，其書籍部門即已轉虧為盈。

利用賣書建立起的網路平台，至今亞馬遜幾乎無所不賣，成為網路最大的商店。

國內B2C的發展卻問題重重，關鍵在於金流和物流的障礙。因為傳統通路已存在數百年，殊難取代。純網路公司的問題是，顧客的信任及物流到家的問題。一般新的網站，名聲尚未建立，即大肆擴張。客服水準低落，又必須依賴其他公司處理存貨及運送，實質上降低的成本十分有限。若再加上售後服務，純網路公司的成本，和實體公司相差不到二成。消費者會為20%的價格差距，冒交易的風險上網消費嗎？因此只要實體公司，回頭設立混合通路（網路＋實體），再加上個人化的服務，純網路公司很難與之競爭。

此外國內人口密集，商店遍佈，選購便利，網路虛擬的商店的確不容易發展。但等到國內金流和物流的問題解決以後，網路商店的商機仍有用武之地。例如，郵購市場的規模，就達到20幾億台幣。國內消費市場小，爆發力不如美國的亞馬遜。

中國大陸的情形和台灣正好相反，大陸幅員遼闊，非城市居民有8億之多，一般的百貨公司還沒有擴展到3-6級城市，消費者買不到城裡的貨品，再加上光纖的普及，只要解決物流和金流的問題，大陸的電子商務市場不可限量，例如淘寶網在2010年的網上交易即達到4千億人民幣。

亞馬遜的成功，在於利用網路特性，塑造新的競爭生態。在世界最大市場的美國，有便利的金流、物流，才能夠成為網路巨擘。

但網路不可能取代所有的仲介商。例如房屋仲介業，純粹提供買賣資訊，扮演仲介的角色，應該最容易被網路公司所取代。但幾年下來，美國純網路的房屋仲介公司，佔不到多少便宜。倒是多通路的連鎖房屋仲介商店，再加上法律及稅務、投資的服務，反而發展迅速。此外，純網路的銀行也經營不下去；筆者一直擔心，哈佛商學院波特教授的網路教學，會取代所有策略管理老師的情形，至今也未曾發生。但以網路教學為主而且股票上市的的鳳凰大學

只要解決物流和金流的問題，大陸的電子商務市場不可限量。

（University of Phoenix）也有20多萬學生，網路的協和法學院（Concordia law school）每年也頒發1百多位法律學位。網路教學的優勢在於只傳遞知識，而不需要校園、圖書館、體育館、社團，宿舍等等昂貴的支出。

網路能否取代中間商，要看行業的競爭生態來決定。因此普遍的看法是，有品牌的實體公司，加上網路行銷，虛實結合才是未來的成功之道。因為消費者既希望便利的購買經驗，但又想向有品牌信譽的通路購買。

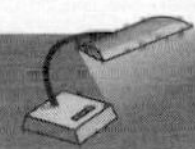

Priceline的經營模式

網路的策略創新，最出人意外的是C2B的經營模式。C代表消費者（consumer），B代表企業（business）。C2B模式是在網路上，聚集一群消費者，由這群消費者，集體向廠商議價購買商品或服務。C2B的代表，是Priceline：通稱為「由你定價旅遊網」。

傳統的買賣，是廠商出價，由消費者決定要不要購買。Priceline的經營模式，剛好相反，由消費者自行出價，廠商來決定要不要賣。這種經營模式，只有在網路的環境下，才有可能執行。

Priceline主要經營機票和旅館為主的零售。由消費者自行出價購買機票。例如，有消費者願意出價兩百美元，購買12月12日～22日從舊金山到芝加哥的來回機票。Priceline即代為詢問，是否有航空公司願意接受此價格。對於這種超廉價的機票，航空公司有什麼誘因會出售？這就要從美國航空公司的經營模式及市場狀況談起。

美國的航空業，主要的目標客戶是企業商務旅行的客人。商務旅行由公司支付旅費，所以需求價格彈性低，因此票價高。商務旅客訂航班的選擇標準是時間上的方便性，為了配合商務旅客的需求，航空公司安排的航班較密集，因此載客率不高，航班上的空位多。平均每天美國天空上，有50萬個空位。事實上，多載一個旅客的邊際成本趨近於零。因此航空公司有很強的誘因，要將客艙滿載，但又不願意降價，以免喪失商務旅客的收入。航空公司一方面想降價求售空位，另一方面，又不能讓商務旅客有機會購買到這種廉價的機票。這就是Priceline切入市場的利基。

Priceline在網路上，能夠集合消費者共同向航空公司議價。如果只有一位旅客，願意付兩百美元，購買舊金山～芝加哥的來回機票，航空公司認為這會破壞市場行情，並不值得。但若有一百人，願意出兩百美元買機票，航空公司就會慎重考慮。最後會給這一百名顧客，時間上不方便（例如晚上11點）的航班，以免造成價格破壞。這一百名顧客又告訴其他顧客，最後利用網路強大的集客力量解決航空公司多餘空位的問題，這就是Priceline的經營模式。

只要交易成功，Priceline就可收手續費，C2B的經營模式就能夠成功。由於Priceline不能指定班次和時間，商務旅客不會透過Priceline買機票，只有接受這種限制多的機票的消費者才會購買。

Priceline將同樣的模式，延伸到旅館業也得到不錯的回應。尤其是歐洲的小型旅館，定價靈活，極適合這種定價模式。但將C2B的模式延伸到加油站和超商，卻叫好不叫座。這是因為原來模式的成功，建立在產業的競爭生態，航空業和旅館業都是邊際成本低的產業，降價的誘因較高。加油站和超商則不然，邊際成本高，因此Priceline的經營模式無法成功。儘管有失敗的案例，Priceline在2011年市值高達250億美元，可見以網際網路的經營模式，一旦成功，即可快速複製，擴大規模。

2002年Priceline進入台灣，瞄準每年一百萬自助旅行的旅客，但台灣的競爭生態又不同。台灣的旅遊市場，有大型旅行社主導，已經可以和航空公司談到很低的票價，旅行社還可安排旅館和其他旅遊活動。Priceline只憑低價的機票，不容易和旅行社競爭。再加上網路購物視為「郵購」，根據法律，7天內可以退貨，這對Priceline不得退票的經營模式，是致命的打擊，終於退出台灣市場。

四、網路策略

1.Reach或Richness的差異化策略

網際網路的策略，簡單來說，就是如何擴大接觸潛在的消費者，以及讓消費者接觸到訊息。這就要靠網站的階層式搜尋，以及網站間的連結（connectivity）。而連結，又依賴標準的建立。全美有5千家書店，平均每家最多保留8千冊不同的書，但亞瑪遜的書目上，即有3百萬本書，消費者有廣泛的選擇。同樣的，音樂CD、戴爾電腦的網站，均有大量的商品，因此創造出網路的價值。

除了提供消費者Reach的選擇，網站還必須提供智慧的資訊，充分發揮網路個人化的特性，替消費者量身訂做，做到充分的客製化。

嘉信理財可以將客戶個人擁有之股票、相關訊息，每天E-Mail給客戶，客戶也可根據個人需要，指定訊息。企業面臨的是如何加強Reach及Richness的策略。

舉例而言，美國有家在網路上賣庭院花草的公司。起初只是透過網路上交易花木，隨後該公司認識到，美國幅員廣大，氣候、土地差異甚大，消費者必須知曉哪些花木適合哪些區域，才能種出漂亮的花草。因此在網路上，即可依消費者所在地的郵遞區號，提供各項建議，包括如何購置花木，以適應當地的氣候及土質。隨後甚至提供庭園設計的服務。消費者只需將花園的大小、形狀傳給公司，再由資料庫中，提供消費者自由選擇喜好的式樣，電腦螢幕上，即可模擬出未來庭院在春、夏、秋、冬的模樣。

由上述例子，可以看出，網際網路的經營型態，和傳統的通路，對交易價值之提升完全不同。網際網路可以提供消費者大量的資訊，而廠商可以在資訊中，灌溉更多的智慧（intelligence），提升消費者決策的品質，增加消費者的滿意度。

網際網路可以灌溉更多的智慧，提升消費者決策的品質，增加消費者的滿意度。

洗衣機公司在網站上，提供顧客購買決策的建議。消費者只要輸入家庭人數、年齡、地區（天氣）、多久洗一次衣服，該網站即可以建議顧客，該買多大容量的洗衣機。因此網路經濟下，廠商的競爭不只是價格的競爭，而是產品所附加的價值，而此一附加價值，是由知識資訊所構成的。因此以知識為主的競爭，無疑的將成為網路經濟競爭的主流。

2.網路經濟下，先進入者有先驅優勢

由於網路有其外部性，使用人越多，會吸引更多的使用者。例如電子灣（eBay）拍賣網站，想要拍賣的賣主，希望價格越高越好。買主越多的拍賣網站，價格應該更高；買主也是如是想，買主要去的網站，也是賣者越多越好，賣者多，價格較低。因此，在網路拍賣行業，賣者越多，買者就越多；買者越多，賣者就越多。先進入的廠商，優先進入買者－賣者相互牽引的正向循環，因此有極大的先驅優勢。這就是拍賣網站的基本競爭生態。

網路經濟下，先進入者有先驅優勢。

電子灣在美國成功以後，美國雅虎和亞馬遜挾其大量客戶的優勢，也進入拍賣網站。但無論如何，先機已失，無法超越電子灣。但在日本，雅虎由於早期進入，則勝過電子灣。台灣的eBay也遭遇到一樣的命運。同樣的經營邏輯，也可應用到人力招募網站，先進入者，成功的機率很高。

3.實體和虛擬並存

網際網路蓬勃發展，不過是這幾年的事。每一個企

業，都必須正視網際網路帶來的衝擊。幾乎每一個企業都要有網站提供顧客訊息，甚至進行交易。目前上網購物的消費者，和需要到實體商店購買貨品和服務的，是不同的消費族群。舉例而言，筆者擔任主任時，台大進修推廣部推出實體和網路教學管理類學分班。來修習的學員，在經過一學期後，不論實體還是虛擬，可以互選對方的課程。結果，實體班學員和網路班學員，跨學習模式互修學分的幾乎寥寥無幾。顯然雙方是不同的消費者。

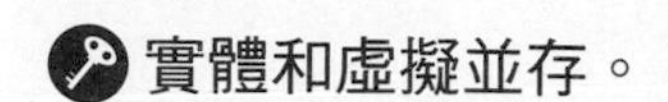

當實體商店和網路商店共存時，關鍵的策略問題是網路商店的定位。網路商店是獨立的單位，各行其是，還是要和實體商店互相競爭，是貨品價格完全一樣，還是訴求不同的消費族群？答案則是因不同的產業而定。

全世界最大的沃爾瑪百貨，其網路商店的定位，就和沃爾瑪低價位的定位大不相同。沃爾瑪將其網路商店，定位成實體商店的互補通路，所賣的貨品是平常在沃爾瑪百貨，買不到的高價品（例如液晶電視）。賣牛仔褲的Levi Strauss，最先開辦網路購物，但一年後在通路商的反對下，結束其購物的網站，現在網站只是行銷的工具。

五、結論

一百多年前，當電話發明時，美國第19任總統海斯（Rutherford Hayes）認為，電話沒有用，因為人一定要面對面談生意；100年後，當網際網路推出，也有人認為網際網路不會成功，因為消費者一定要親自購買商品。事實證明，兩者都錯了。據估計，2014年全美網路購物會達2500億美金，是2004年的10倍。其中包括傳統習慣一定會親自選購的珠寶和衣服。此外，受到網路影響的實體購物行為高達1兆美元左右。

網際網路的風潮，席捲各行業，從旅遊、書籍、零售業，到保險、金融；從供應鏈管理，到顧客關係管理，對企業造成全面的衝擊。一方面創造全新的機會，例如電子郵件、拍賣、網路遊戲；一方面也造成價值的毀滅。企業必須根據核心競爭力和策略雄心，形成網際網路的策略，否則很快會被網際網路的潮流淹沒。但形成網際網路策略，不能像荒野大西部（www, wild wide west）憑著匹夫之勇，抱頭猛衝，而必須先了解，網際網路對競爭生態的影響。尤其是網際網路對價值鏈和價值主張的衝擊，然後創造網際網路的新經營模式。

本章精論

1. 資訊科技改變了產業競爭生態。
2. 電腦的應用從內部的文書作業，轉變為對外策略和行銷上運用。
3. 資訊科技的應用，要能帶來明顯的持久性競爭優勢。
4. 策略資訊系統，只能錦上添花，卻不能雪中送炭。
5. 任何重要的發明，總是會創造出新的公司取代現有的公司。
6. 要先了解，網際網路所創造出的經濟利益。
7. 網際網路改變了資訊的豐富度(Richness)，和資訊廣度(Reach)的均衡。
8. 網際網路大量降低訊息的搜尋成本，因而降低交易成本，同時增加交易的價值。
9. 網路成為各行各業，價值顛覆者的角色。

10. 在價值網的架構下，產業的價值鏈，會因為網際網路的出現，而重新解構。

11. 在新的網際網路競爭生態下，必須要有新的經營模式。

12. 只要解決物流和金流的問題，大陸的電子商務市場不可限量。

13. 網際網路可以灌溉更多的智慧，提升消費者決策的品質，增加消費者的滿意度。

14. 網路經濟下，先進入者有先驅優勢。

15. 實體和虛擬並存。

MEMO

策略精論

進階篇

第五章

垂直整合的策略

一. 垂直整合的定義

二. 垂直整合的動機

三. 垂直整合的效率觀

四. 垂直整合的問題

五. 垂直控制的工具

六. 結論

＊ 矽統科技（SIS）的垂直整合案例

楔子

國內報社都擁有自己的印報機。假設每份報紙的印製成本，大約是10元新台幣，其中紙張成本佔6元，油墨成本佔1元，其餘為固定成本的攤銷。

近年來，報社營運普遍艱難，甚至虧損連連。此時，如果有所謂的超級印報機的發明，可以在短短的3小時內，將國內所有的報紙，大量生產印刷完畢，其成本在紙張費用上，可以節省1元，機器折舊再節省1元，總成本降為8元，也以8元的價格（已包括合理利潤），向各大報社承包印刷的服務。

各大報社，只要在晚上十二點鐘前，將所有完稿的版面，以電子郵件傳遞到印報公司，印報公司在凌晨三點鐘前，保證印完並開始分送各經銷地點。以各大報每日一百萬份的數量計算，每天可省下2百萬元，一年就是7億多元。

各大報社在新科技的輔助下，定位成資訊的仲介商（information broker），不必自行印刷報紙。各大報社會不會因此放棄原有本身的印刷業務，全部外包給專業印報公司代工？如果你是投資者，會不會投資新的專業印報公司？新的專業印報公司，會不會存活？

相信大多數的讀者都認為，這個專業的印報公司沒有存活的可能。因為各大報社，不會將印刷的業務，外包給其他人處理。理由很多：

首先，現有印報機的邊際成本為7元，外包的平均成本為8元，以前的投資都是沈沒成本，不必再考慮，所以不會外包。

其次，如果外包商降價到7元，報社依然不會外包印報的業務。因為外包的問題龐雜，以報業而言，第一個要考量的是，報社的獨家頭條新聞，會不會因此而外漏？這麼多家報社，哪一家的報紙會先印？先印的報紙，有可能會漏掉晚一點才發生的新聞。而且報社必須固定每天出報，不允許間斷，甚至是碰到地震、颱風、淹水、停電、機器故障，也要儘可能出報，這家公司如何能保證，在天災時也一定可以準時出報？雖然是專業印報公司，會不會收受競爭者的賄賂，在印刷時動了手腳？就算雙方簽訂非常嚴格的合約，專業印報公司也信誓旦旦，絕對會遵守合約，如有違反合約，將遭受到嚴重的罰款。但因為未知的不確定性太多，無法將所有的不確定性，逐條逐項寫入合約裡，一旦有例外情況發生，立刻影響出報問題，報社將會遭受無法彌補的損失。就算簽訂合約，也無法完全控制印報公司的行為。

再者，在報紙印刷沒外包前，該代印公司因為投資巨大，議價能力低，會輕易答應任何要求。但外包後，報社將原有的本身印報機器作廢、人員裁撤後，只有靠這家印報公司生存，印報公司可以予取予求。全台灣只能支持一家印報公司，說不定到時全被這家印報公司購併。外包後，議價能力一百八十度大翻轉，當然不會考慮外包。由於以上種種理由，專業印報公司不可能存活。

以此邏輯推論，以代工為主的台積電應該也不可能存活。台積電的經營模式和專業印報公司相同，都是提供製造服務的專業代工。如果專業印報公司不能存活，像台積電這種專業代工模式，為什麼可以蓬勃發展？

經營的模式相同，並不表示績效、結果一定相同。每個產業的競爭生態不同，產業特質也不盡相同，因此經營管理的邏輯自然不同。

在半導體晶圓代工產業，生產上有巨大的經濟規模。但晶片設計卻不須要規模經濟，只要兩、三個人，即可成立IC設計公司。有專業的代工廠，可以提供晶片設計公司製造的服務，因此晶片設計公司得以存活，相對於晶圓代工廠的規模而言，下單者大多數為小型的晶片設計公司，正因為規模小，議價能力低，所以代工廠可以要求較高的價格。這和前述的報業印刷業不同。

其次，專業層次、需求不同，晶圓代工專業程度高，附加價值也高。因此晶圓代工可以存活，而專業印報公司無法存活。不同行業垂直整合的策略，差異懸殊，但分析的邏輯是一致的。

但晶片設計公司的增加，並不能滿足晶圓代工的需求，晶圓代工業要繼續成長，也碰到大型整合設計製造商（Integrated Design Manufacturer, IDM）是否願意將訂單釋出的問題。這就牽涉IDM是否要降低垂直整合程度。其實大型的IDM廠，對於製造服務外包的考量，和報社沒有兩樣。

台灣電子業以代工為主，代工的意義是，買主將製造外包給台灣的廠商。也就是美、日電子大廠買主，降低垂直整合程度，將訂單釋出。所以一定要了解，廠商在什麼情況下，會進行垂直整合，什麼情況下，不會進行垂直整合，才能洞悉台灣電子業的競爭生態。

近年來，歐美傾向於集中發揮核心競爭力，因此除了與核心競爭力有關的企業外，能外包就外包，普遍降低垂直整合程度。但台灣的電子業，如鴻海；TFT-LCD產業，如友達，都在進行垂直整合。這是因為台灣和歐美日的經營環境不同，所以垂直整合的策略也不同。

何時必須要垂直整合？何時不必垂直整合？這是策略上的考量。本章將對垂直整合的理由，進行詳細的解釋。

近年來，歐美普遍降低垂直整合程度。

事實上，垂直整合的考量十分複雜，可能性太多，不易整理出簡單的原則。基本上，如果市場有效率，秉持的原則是「不要為了喝一杯牛奶，而去養一頭牛；又為了養一頭牛，而去開牧場。」但在亞洲，市場的效率遙不可及，因此許多大型企業，仍舊採取垂直整合。

一、垂直整合的定義

水平整合指的是廠商購併提供同樣產品和服務的競爭者。相對於水平整合，垂直整合指的是在產業價值鏈上的整合。垂直整合可以分為前向整合或後向整合。前向整合是往產業下游，進入買主的行業擴大發展；後向整合是往產業上游，進入供應商的行業擴大發展。

以油公司為例，汽油業的價值鏈，可以分為探油、運油、煉油和賣油。一般的油公司，由探油和運油，進入煉油業的，稱之為前向整合。若是一家煉油廠，進入探油和運油業，則是屬於後向整合。後向整合和前向整合的動機和分析，並無二致。

圖 5-1 垂直整合分類

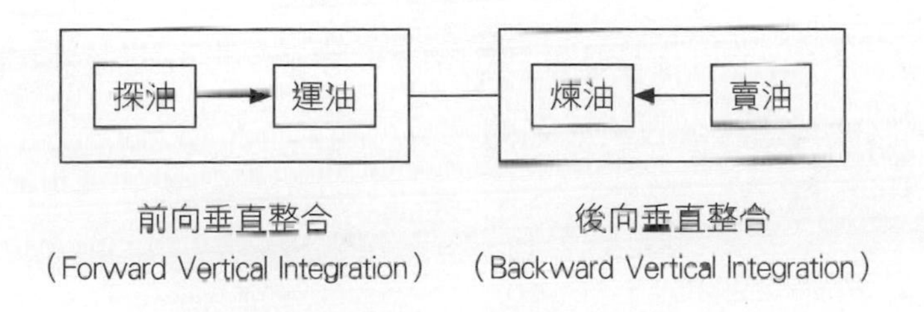

二、垂直整合的動機

垂直整合的動機，可以分為兩種：第一種是策略性的動機。垂直整合的目的，在於打擊競爭者，增加廠商本身

策略性垂直整合的目的，在於打擊競爭者。

的競爭優勢；第二種是效率上的動機。垂直整合的目的，在於降低生產和交易成本。

從公司總體策略的觀點，垂直整合可以創造三種企業的競爭優勢。

第一種策略性動機，也是最重要的一種，就是**上、下游鎖合（Foreclosure）的策略**。在競爭上，鎖合策略的目的，在於將競爭者的通路或供應商，上、下游鎖住後，切斷競爭者的通路，或原料供應。

例如下圖所示。A、B二個廠商都供應C。如果A購併C之後，C不再從B進貨，B就被排除在C的市場之外，B勢必要再重新尋找新的通路。

圖 5-2 上、下游鎖合策略

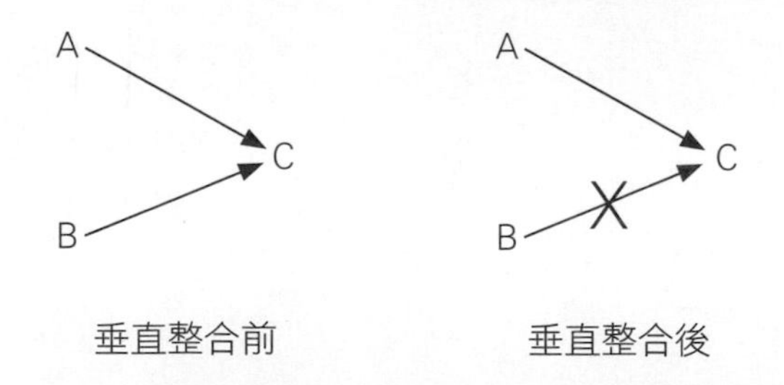

如果A成功的鎖住競爭者的行銷通路，可以明顯削弱競爭者的競爭力。在國內最著名的例子，就是統一集團控制了7-11。

由於統一企業控制了7-11，上頁圖的A就是統一企業，C就是7-11，B就是味全企業。統一企業控制了C之後，味全企業的產品，會比較困難透過7-11來銷售，味全企業只好另覓他法，可行之道是跟著進入通路業，其他如泰山企業等，也只好一起擴展，進入便利商店產業。

鎖合策略在國外屢見不鮮。幾年前，英特爾（Intel）投資20億美元，進入主機板產業，也是對競爭者美商超微（Advanced Micro Devices, AMD）的鎖合策略。最終無法和台灣的主機板競爭，只好退出市場。但英特爾對使用超微的主機板廠商，還是有差別待遇，這是利用垂直控制，來削弱對手的策略。

垂直整合可以進行鎖合策略，價格擠壓。

鎖合策略的影響是，增加競爭對手進入市場的障礙。因為主要廠商垂直整合後，垂直整合變成必要的投資，其他廠商的投資門檻會增加。現在其他廠商一旦要進軍食品業，也必須要一起進入行銷通路業，從而提高了未來競爭廠商進入的門檻。

垂直整合的第二個策略目標是**價格擠壓（Price squeezing）**。兩面打壓是垂直整合的公司在價值鏈上，選擇性的掌握幾個關鍵環節，降價擠壓其他還沒有掌握上下游價值鏈的公司。這在垂直整合的原料業如石油，水泥，鋁業都很常見。

舉例而言，在本書175頁圖5-1中，油公司著重在探油和賣油，石油公司如果沒有自已的煉油廠，需要將原油賣給煉油廠。通常，煉油是由專業的煉油廠負責，經過煉製的油，再賣給由石油公司控制的加油站。20世紀初期，美國標準石油公司（Standard Oil），一方面供油，幾乎有獨佔的地位，同時也經營加油站。

標準石油公司將加油站的價格下降，由於加油站沒有產品差異化，幾乎是完全競爭市場，其他的加油站，只能亦步亦趨跟隨降價，但是降價後，幾乎不敷成本，只得回頭要求煉油廠降低售價。但此時標準石油公司卻提高供給煉油廠的原油價格。故意增加煉油廠的成本，結果導致煉油廠的購買成本增加，但售出給加油站的價格降低，遭到上、下游雙面的打壓，支撐不住只好宣告倒閉，於是標準石油公司，再好整以暇的以廉價將之收購。

價格擠壓的策略過於惡毒，後來標準石油公司，被判違反美國反托拉斯法，公司被法院命令拆解成37個公司。

價格擠壓策略，對於競爭者打擊太大，是垂直策略的極致，顯示垂直策略的威力。

從策略的觀點，垂直整合的第三個動機是**進行價格歧視**。廠商希望對價格彈性低的顧客收取高價，對價格彈性高的顧客收取低價（見本書第二章定價策略）。但是這種做法，容易造成顧客間進行套利，將低價市場買來的貨，賣到高價市場，因而破壞價格歧視的策略目的。解決的辦法之一是垂直整合。

例如，生產鋁錠的鋁公司，鋁錠的顧客，有生產錫箔紙的廠商；也有製造鋁門窗的廠商。鋁錠佔鋁門窗業者的成本高，因此在鋁門窗市場，鋁錠的價格彈性高，但錫箔紙廠商剛好相反。鋁公司當然希望，對價格彈性低的錫箔紙廠商，收取較高價格。但是錫箔紙的廠商，可能轉向生產鋁門窗的廠商買鋁錠，這樣鋁公司就無法進行差別取價。但若鋁公司採取前向垂直整合，進入下游錫箔紙市場，就可以搶到錫箔紙廠的利潤，也防止鋁門窗業者轉賣鋁錠，順利進行價格歧視。當然，鋁錠公司還可進行價格打壓其他錫箔紙製造商（將鋁錠價格提高，錫箔紙降價）。

第四，垂直整合可以**創造差異化**，在一片外包的風潮下，電子公司幾乎沒有差異化，因為競爭者都外包給同樣的廠商，因此，要創造差異化，就要將關鍵技術掌握在手中，不能外包。例如蘋果購併手機的核心晶片廠商，避免競爭者也獲得這項技術，英特爾的微處理器也不外包給晶圓製造服務業。

第五，垂直整合也可以**隱藏利潤，避免買主殺價**。台灣廠商很多都是代工製造廠商，面對的都是世界大廠的採購，大廠議價能力強，只給製造商微薄的利潤，製造商當然利用各種做法（例如開廉價車）假裝利潤低。

但是當股票上市後，財務透明，買主不難發現，製造商的利潤高於原先的數字，要求製造商降價，或乾脆替製造商購買零件、原料，杜絕製造商從採購上獲利。但是上有政策，下有對策，製造商可以後向垂直整合，將利潤隱藏在本身控制的供應商。

例如，有的鞋業製造商後向整合，進入生產鞋用黏膠；美國AT&T原為獨佔電話公司，美國政府對其利潤上限有所限制，於是AT&T後向垂直整合，製造電話機，再將電話機和門號搭配銷售，將利潤隱藏在電話機公司。

第六，垂直整合除了打擊對手外，相反的，還可以作為謀合的工具。三星和LG都是液晶螢幕排名第一第二的大廠，也是垂直整合的公司，2008年外電報導，三星向

LG採購37吋LCD螢幕模組，LG向三星採購52吋LCD螢幕模組。這是相互採購（reciprocal buying）。當互相採購零件後，手上多了一個報復手段，在終端產品市場上也不會激烈競爭。

在策略上，垂直整合也可視為進入新的產業。譬如，統一企業設立7-11，可視為食品業進入零售業中的便利商店業。其他如鴻海企業，以時間作為競爭的本錢，為了降低價值鏈間協調的時間，也進行垂直整合，加速替客戶發展產品和製造的速度。Apple以創新產品取勝，為了塑造公司創新的形象，加強顧客的蘋果經驗，向下游整合開Apple Store，全球來客數超過迪斯尼樂園，坪效超過美國最大的電子產品通路Best Buy達五倍之多。垂直整合成為Apple策略重要的一環。

綜上所述，從策略的觀點而言，垂直整合可以達到上、下游鎖合，可以排除未來競爭者，增加進入對手的障礙；進行價格打壓，上、下夾擊，在價值鏈上獨佔；也可以進行差別取價，創造產品差異化，進入新的產業，或執行以時間為主的競爭。此外，廠商還可以在價值鏈上，進行跳蛙策略（見《基礎篇》第二章），以增加更多的附加價值，所以在策略的層面，垂直整合的競爭策略不可小覷。

三、垂直整合的效率觀

從效率的觀點而言，垂直整合的目的在於降低成本。垂直整合降低的成本，不限於製造成本，還包括交易成本。但市場上存在著對垂直整合的迷思，認為垂直整合，一定可以增加獲利率。因為將以前向外採購時，供應商的利潤也包含進來，利潤的總和相加，當然會增加獲利率。以下表的分析所示，垂直整合會增加營業利潤率，但不見得會增加投資報酬率：

垂直整合會增加營業利潤率，但不見得會增加投資報酬率。

	垂直整合前	垂直整合後
原料及零件	70	50
人工	10	20
售價	100	100
獲利	20	30
投資額	200	300
ROS	20%	30%
ROI	10%	10%

垂直整合前，外購70元的零件和原料，花10元的人工，投資報酬率為10%，投資額為200元，利潤為20元（100-70-10=20）。

後向垂直整合後，自行生產20元的零件，假設為了要生產20元的零件，廠商必須要花10元的人工成本，即100元的投資額，投資報酬率為10%，利潤為10元。

垂直整合後，從上表看出，營業利益增加到30元，這是因為將原本外購零件的利潤10元，灌入廠商的利潤，因此廠商的營業利潤一定會增加，但廠商必須投資才能生產，**只要上、下游有同樣的投資報酬率（Return on Investment, ROI），垂直整合不會增加廠商的投資報酬率**。因此垂直整合增加利潤，是會計上的必然結果，是否有經濟效益，則要看是否能降低交易成本，增加交易價值和降低製造成本。

1. 垂直整合降低交易成本（Transaction costs）

從生產效率而言，垂直整合事實上是外購或自製（make or buy）的決策。是否垂直整合，在於自製成

垂直整合事實上是外購或自製的決策。

本和外購成本的比較，看何者較低。外購成本除了購買的價格外，還要加上交易成本。

交易成本指的是在交易中，所有可能發生的成本。如果上游或下游市場，是屬於完全競爭市場，參與者眾多，訊息充足，交易機制完善，交易成本可以忽略，外購一定優於自製。但完全競爭市場極少，市場機制的功能，常常受到抑制，交易成本於是產生。

交易成本最大的來源是對未來的不確定性。由於未來充滿不確定，又無法將所有未來可能發生的狀況，逐一寫入買賣合約，就算寫入合約，對於合約內容的解讀，交易雙方又可各執一詞，因此買賣合約不可能十全十美。在合約沒有規範的例外情況下，買賣雙方都可能發生投機行為（opportunistic behavior）趁機獲利。

例如，在簽有保證供給的合約下，如果供應商市場發生缺貨，又有其他競爭者出高價向本身的簽約供應商買貨，供應商會找合約的漏洞延遲供貨，造成損失。這些投機行為，增加雙方的交易成本。

例如在本章開始介紹的超級印報機廠商，可能發生的投機行為，不計其數。簽約後，印報商可能藉機提高價格，可能藉口斷電，可能遭受員工罷工而不能提供印刷的服務，然而報社的發行不能中斷，只能忍受因投機行為造成的損失，風險極高。因此報社即使外包印刷業務，也會要求印刷公司降價，以彌補風險。

從印報的廠商而言，就算與報社簽約，報社保證一定會外包印報業務，但日後如果開發出更有效率的印報機，讓印製成本更低，難保報社不會改弦更張，一旦策略變更，或藉機不外包印刷業務，鉅額投資的印報機除了印報紙外，沒有其他用途，將成廢鐵，所有的投資毀於一旦。印報公司為了彌補交易中的風險，印報廠會要求較高的印刷價格，包含風險溢價（risk premium）。由於交易風險的存在，買方要求降價，賣方要求加價，交易勢必僵持不下。由於買、賣雙方的交易成本過高，市場上的交易無法進行，廠商最好選擇垂直整合自行生產。

資產的特定性提高交易成本。

在不確定性下，資產的特定性（asset specificity）也會提高交易成本。資產的特定性，是某些固定資產為了買者量身訂做，有特定的用途，除此之外，其它的用途很少。資產特定性越高，交易雙方毀約的損失越高，因為資產別無他用，因此交易成本越高。

舉例來說，興建油管耗費不貲，理論上，獨立經營的油管業，可以替油公司減少投資，但因為油管除了運油之外，沒有其它用處，所以資產特定性很高。可是油公司可以利用其他方式來運油：可用卡車或靠海運來運油。在這種情況下，經營油管的公司反而沒有彈性。萬一油公司不透過油管運油，油管公司的投資全部付之一炬。由於資產特定性造成交易風險高、交易成本高，獨立的油管公司不易生存，石油公司最好垂直整合，自行鋪設油管。

印報機的資產特定性亦高，報紙業就不如擁有自己的印刷廠。可是書商就沒有必要擁有自己的印刷廠，沒有必要做垂直整合。這是因為印書、印雜誌的機器，資產特定性並不高，供應商眾多。在這種情況下，書商自然沒有必要做垂直整合，非得經營自己的印刷廠不可。

任何交易均有風險，市場機能上，頻繁的交易和廠商的名聲都可以減少交易的風險，所以並不是所有有風險的交易，都必須要做垂直整合。當資產特定性高，引起長期投資的風險過高時，才需要垂直整合。

交易成本的降低，造成外包（outsourcing）的風潮，這可以解釋台灣資訊業成功的原因。由於當年IBM

設定了PC的標準，零件間的介面標準化，沒有資產特定性，所以PC產業成為垂直分工產業，PC也成為沒有差異化的產品。價格競爭，造成廠商尋找最低成本的供應商，所以不須垂直整合，只要到台灣找低成本的代工廠商，而台灣的代工廠商，也不必進行垂直整合。

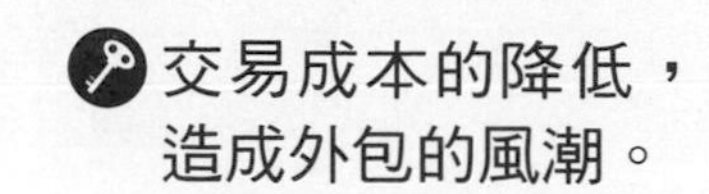

在價值鏈上找專業製造商，低度垂直整合的專業製造商，只專注價值鏈的某一段，一層一層專業廠商，組成整合的價值鏈，造就了台灣在資訊業的全球競爭力，標準化造成的垂直分工，才有台灣的機會。但無法標準化，無法垂直分工的生物科技業，交易成本高，台灣很難在全球的價值鏈上找到定位。

交易成本也可以詮釋台積電的策略。台積電在半導體的價值鏈上，定位為晶圓製造服務。換言之，台積電生存的空間，繫於晶片設計廠商「不」進行垂直整合，而將製造服務委託給台積電。

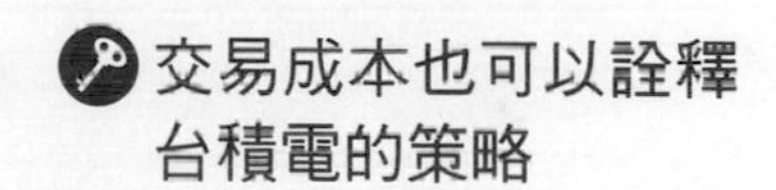

但是IDM，整合元件製造商，是指從設計、製造、封裝測試到銷售，自有品牌都一手包辦的，半導體垂直整

合型公司）大廠，考慮交易成本的問題，不見得會將重要晶片交給晶圓服務業代工。首先，如果將晶片交給晶圓代工廠生產，難保代工廠不會洩漏商業機密給競爭者，其損失難以估計；其次，代工表示著廠商本身不會投資製造設備，半導體的需求向來不容易預測，當需求高時，全部的半導體產業，都面臨產能缺乏，廠商必定同時搶奪產能。此時代工價格上揚還在其次，損失最大的，是搶不到產能，或是搶到產能，但交貨時間延遲，商機稍縱即逝，屆時損失無以計數。說到底還是將產能掌握在自己手上最穩當；再者，代工後，IDM大廠本身產能有限，就算代工業者有投機行為，例如，可能將產能提供給出高價的廠商，而將其他廠商的製程延滯，IDM屆時無議價能力；最後，代工也同樣牽涉資產特定性的問題。例如，某些晶片、微處理器，代工廠商必須要投入特定的研發，仍存在有交易成本的問題，並不適合垂直整合。

以上林林總總的問題，對於無晶圓（fabless）設計公司不造成困擾，但對於IDM大廠則是一大難題。晶圓代工業者，必須要克服這些考量，才能期望IDM大廠下單。換言之，晶圓代工業者的策略，就是降低交易成本，好讓IDM大廠放心，可以不垂直整合而外包製造服務。

台積電策略的基本邏輯即在於此，首先，台積電必須建立「誠信」的形象，絕對不能讓客戶懷疑，台積電有任何投機的行為，內部管理也以誠信作為企業文化的準則；其次，台積電維持超額設備（excess capacity），一方面阻絕進入者（見《基礎篇》第五章），一方面昭示下單廠商，產能不虞匱乏，而且產能投資昂貴，若有投機行為，顧客刪單，公司多餘的產能無法利用，擴大損失，因此保持超額產能，等於告訴顧客，沒有產生投機行為的誘因；同時，讓顧客在網路上可以隨時察看訂單進度，增加交易的透明度，顯示台積電不會為更高價的訂單，不履行承諾；再加上台積電是專業的製造商，製造品質的專精，技術上永遠領先對手，追求經驗曲線效果，良率提高到96%以上，替顧客節省成本，高品質的客戶服務，快速回應顧客需求，又替顧客省下晶圓廠的鉅額投資。在策略面的多管齊下，台積電才擁有現今的市場上獨霸地位。雖然IBM於2002年，也進入晶圓代工業，但產能有限，難與台積電匹敵。

綜上所述，台積電的經營邏輯和策略，在於如何降低IDM和晶圓廠的交易成本。管理邏輯清楚，策略也顯而易見。

除了降低交易成本外，垂直整合還可以為廠商帶來其他的利益。其中犖犖大者為上、下游利益衝突問題，下文以製造商和經銷商的關係為例說明垂直整合如何解決上下游利益衝突問題。

2. 垂直整合解決上下游利益衝突問題

製造商和經銷商的利益，始終是互相衝突的。對製造商而言，因為以固定價格銷貨給經銷商，希望經銷商將價格，壓得越低越好，最好以成本價出售，低價才可以刺激貨品的銷售。可是從經銷商的角度而言，它希望將貨品的價格，拉得越高越好，這樣才可以創造更多的利潤。換言之，面對同樣的需求曲線，製造商和經銷商的利潤最高點是不一樣的。因此，經銷商和製造商的利潤目標是互相衝突的。

製造商和經銷商的利益，始終是互相衝突的。

要解決利益衝突的問題，廠商可進行前向垂直整合，成為經銷商，當製造商也成為經銷商後，雙方的利益合而為一，消除上、下游利益衝突的問題。但垂直整合並不是唯一的解決方式。

除了利益最高點不同以外，第二個利益衝突點就在於「搭便車」（free rider）的問題。製造商需要經銷商提供售前和售後的服務，以及促銷廣告。但如此一來，必定增加經銷商的成本，這些成本，應該可以從經銷利潤中抵消，但經銷商不是只有一家，總會有經銷商，既不做廣告，也不提供服務，成本降低之後，再以低價招徠顧客。這是搭其他經銷商提供的免費便車。

垂直整合並不是唯一解決上下游利益衝突的方式。

比方說，美國有些高級傢具的經銷商，不提供銷售人員的服務，只提供型錄，以低價招數搶奪顧客。例如，美國高級傢具製造商Thomasville，提供定價的42%（折扣58%）給經銷商，利潤高，這些高級傢具經銷商，有誘因提供豪華的展示廳，以及周到的銷售服務，還能以定價的75%賣出。

但是有的經銷商，既不設置展示廳，也沒有服務人員，只有型錄，卻以50%的定價賣出。想當然爾，精明的顧客會到提供售前服務的經銷商看樣品、參觀比較選購，收集了所有的訊息後，再到高折扣、低價便宜的經銷商處購買，無異於搭了有展示廳、肯做促銷的正牌經銷商的便車。對於製造商而言，都是以定價42%出貨，賣給正牌和型錄經銷商的收入沒有差別，但正牌經銷商花了大量成本，塑造產品形象，卻被他人搭便車，一定會埋怨，要求製造商，停止出貨給搭便車的型錄廠商。這類情形，最常發生在品牌價值高的商品。製造商大多數會虛與委蛇，應付一下。不到不得已，不會停止供貨給型錄經銷商。

高價品還可能碰到的問題是，需要經銷商配合提供高品質的服務，以符合公司的品牌形象。但經銷商在取得經銷權後，是否能履行合約？有些經銷商，甚至還拿知名品牌的產品廉價出售，藉以吸引人潮，這樣的做法只對經銷商有利，卻重重傷害了高價品的形象。這些經銷商的問題，統稱為下游道德危機（downstream moral hazard）。要消弭經銷商搭便車，和道德危機的問題，垂直整合不失為一個可考慮的選項，當製造商和經銷商合而為一時，不提供服務的廠商，自然會被淘汰。例如，台灣的汽車業均自營經銷，只有進口車利用經銷商的管道銷售。

垂直整合還有其他的利益，後向整合可以確保供應來源無虞。例如，宏碁當年為了確保DRAM的供應，和德州儀器（Texas Instrument）合資設立DRAM公司。此外，垂直整合後，可以知道供應商的成本結構，在採購時，增加了交涉的本錢。

垂直控制可以達到垂直整合的目的，而不一定非要進行垂直整合。

雖然有以上的經濟誘因，促使廠商進行垂直整合，可是也有垂直控制（vertical restraints）的手段（見本章第五節），可以達到垂直整合的目的，而不一定非要進行垂直整合。

除了要達到策略利益外，能夠不垂直整合，盡量不做垂直整合。

此外，垂直整合也可能對廠商產生不利的影響。綜合而言，絕對沒有必要「為了喝一杯牛奶，而養一頭牛；為了養一頭牛，而開牧場。」除了要達到策略利益外，能夠不垂直整合，盡量不做垂直整合，需要垂直整合時，優先考慮垂直控制的手段。

四、垂直整合的問題

無法實現專業經濟（Economies of specialization）

「聞道有先後，術業有專攻」，專注在專業的領域是精進的基礎。垂直整合是進入另一個產業，不容易產生比現有供應商或採購商更佳的效益。如果無法和現有供應商競爭，不如利用市場機能，在市場上找尋最佳的供應商。

鎖入效果（Lock-in effects）

垂直整合會被鎖入舊技術，無法使用新技術。

垂直整合會被鎖入舊技術，無法使用新技術。垂直整合牽涉到固定投資，而固定投資將成為沈沒成本，在面對新科技的競爭時，廠商沒有誘因採用新技術。

舉例而言，廠商後向整合進入零件生產，假設生產零件的固定成本為4元，變動成本為6元，總成本為10元。但若有新技術出現，固定成本為3元，變動成本為4元，總成本7元，賣8元。雖然售價低於自行生產的總成本，但已經垂直整合的廠商不會購買，因為原來的固定成本4元，為沈入成本，不須考慮；變動成本6元，和8元的採購成本相比，不如還是自行生產，不要外購，但也不會更換新技術，因為新技術的平均總成本為7元，高於舊技術6元的變動成本。因此，垂直整合會被鎖入現有的技術，無法跟上未來科技進的腳步。若不垂直整合，廠商可以更換供應商，隨時採用最新的技術。因此高科技廠商，除了關鍵零組件外，不應該採取垂直整合的策略。

上下游規模經濟不相合

上游的最小經濟規模，不見得是下游的最小經濟規模，小廠並不適合垂直整合。當然多餘的產能，可以在市場上賣出，但又產生和顧客或供應商競爭的問題。

例如，太陽能電池產業，上、下游的經濟規模差異太大，上游生產結晶矽晶圓，經濟規模大，下游太陽能電池產業的經濟規模小，因此下游廠商不可能往上游整合。

與賣主或供應商利益衝突

垂直整合進入供應商或買主的產業，結果成為顧客或供應商的競爭者。原有的顧客，非不得已，不會下單購買；原有供應商的配合度也會降低。

例如，聯電的定位為代工，聯電之後採取垂直整合，成立晶片設計公司，再後來發現和下單的晶片設計商利益衝突，又減少對晶片設計公司的股權。

矽統科技（SIS）的垂直整合案例，值得大家借鏡。

矽統科技（SIS）的垂直整合案例

矽統科技成立於1987年，原是IC設計公司，設計PC主機板上連接CPU及繪圖晶片、控制記憶體及週邊介面的核心邏輯功能晶片組（Core Logic Chipset），經過十年經營，公司於1997年上市。1998年成為台灣最大的IC設計公司，年成長率高達50%，資本額36億元，股價在1999年4月高達將近80元。矽統 PC晶片組的競爭優勢在低價及高整合度，並由台積電代工生產。

1999年4月23日矽統宣佈由僅從事IC設計及行銷活動的IC設計公司，轉型為同時從事晶圓生產的IDM，決定投資100億新台幣（借款70億，現金增資30億）興建八吋晶圓廠一座，以掌握更佳的營運彈性。當時八吋晶圓廠面臨即將在2000年誕生的十二吋晶圓廠的競爭，由於八吋廠成本較十二吋廠要高30%，因此矽統向後垂直整合建造「末代」八吋晶圓廠 （全世界最後一個八吋晶圓廠）的理由值得深究。

筆者當年曾與決定建廠策略的前矽統科技資深經理聊過，他認為矽統後向整合的理由如下：

1. 矽統科技擁有晶圓廠的任務，截然不同於其他晶圓廠，但一般人不易了解。由於PC Chip Set 發展到後來，除 Core Logic 外，對於影像，還有其他週邊線路的整合需求，越來越高，但矽統無法單獨開發所有的需求，而關鍵線路IP（矽智財權模塊）的購買，代價極高，或是根本不易取得。但IC設計愈來愈需要由這些模塊整合而成，有可能需要自其他公司取得這些模塊的授權，矽統晶圓廠運作後，除了主要自己生產Chip Set 晶片外，也經由策略性的對外低價接單，可以交換到不少關鍵線路IP。

2. 晶片代工成本，已占總成本的60%，垂直整合可以降低成本。

3. 新設晶圓廠是專注生產矽統科技的晶片，可以發揮專業經濟（economies of specialization），不必轉換製程。而一般的晶圓代工廠，卻需要為不同訂單轉換製程，因此，自設製造晶圓廠，比交給代工廠代工划算。

4. 矽統科技原本是IC設計公司，股票一股80元，矽統科技可以70元一股，現金增資，資金成本低廉。

5. 一個八吋晶圓廠，只能滿足矽統科技一半的產能，景氣不好時，可全數使用自家的晶圓廠；景氣好，本身產能不夠時，可以再下單給代工廠生產。無論如何，都可以保證自家的八吋廠產能永遠滿載。

您同意上述的理由嗎？答案請見下文。

矽統垂直整合策略的評估

其實矽統科技後向垂直整合的理由，始終植基於一個前提：矽統科技的晶圓廠效率，高於代工的台積電或聯電。因此我們來檢驗矽統科技垂直整合的邏輯：

1. 垂直整合負有策略性任務，可以以低價代工交換IP。

如果可以以低價代工交換到IP，購買也買得到IP。就算能夠交換到IP，百億的投資未免代價太高。策略性任務都是CEO為不合理投資找藉口的說詞。

2. 晶片代工成本已占總成本的60%，垂直整合可以降低成本。

這點並不合邏輯，總成本的比例高，不表示垂直整合，一定可以降低成本，這要看本身的製造能力，是否高於代工廠商。如果交給代工廠商的成本，比自己生產低，代工成本佔總成本的比例越高，越應該交給代工廠生產。

3. 新設晶圓廠，是專注生產矽統科技的晶片，可以發揮專業經濟（economies of specialization），不必轉換製程，而一般的晶圓代工廠，卻需要為不同訂單轉換製程，因此自設製造晶圓廠，比交給代工廠代工划算。

以矽統科技的需求量而言，代工廠也可以為矽統科技，專門設一座晶圓廠，替矽統科技代工，照樣可以發揮專業經濟，而且會比矽統科技發揮的更好。

4. 矽統科技是IC設計公司，股票一股80元，矽統科技可以70元一股，現金增資，資金成本低廉。

矽統科技為IC設計公司，不是資本密集產業，資本生產力高，因此股價高，現金增資，投資資本密集的IC製造，資本生產力低，對股東並不利。

5. 一個八吋晶圓廠，只能滿足矽統科技一半的產能，景氣不好時，可全數使用自家的晶圓廠；景氣好，本身產能不夠時，可以再下單給代工廠生產。無論如何，都可以保證自家的八吋廠產能永遠滿載。

這是只是假設代工廠會全面配合矽統科技隨時下單。但當景氣好的時候，晶圓代工廠也是產能滿載，不一定會撥出產能，給偶爾使用的客戶。事實上，當矽統科技一宣佈要自設晶圓廠，幫矽統科技代工的廠商，立即將矽統從A級顧客降級，配合度立即降低。

矽統科技宣佈進入晶圓製造後，股票大漲，兩個月後，股價高達150元；但一年後，股價只剩30元。

據業界說法，矽統科技後向整合的結果慘不忍睹，隔行如隔山，矽統科技晶圓廠的生產良率一直無法提升，成本無法降低，而且設置晶圓廠的同時，在半導體業招募製程工程師，結果有的工程師使用聯電的專利，而矽統科技沒能及時發現，而被聯電告上法庭，最後公司被聯電購併。

從策略和經濟的觀點，垂直整合有利也有弊。每個公司、每個產業、每個個案，對於垂直整合的做法均不同，但對於垂直整合的考量和邏輯，卻是一致的。

總之：

1. 為競爭的目的，垂直整合可以達到策略性的目的。
2. 資產特定性高的產業，比較容易垂直整合。
3. 交易成本高的案例，比較容易進行垂直整合。
4. 經濟規模大的產業，比較容易進行垂直整合。
5. 快速反應客戶需求，需要進行垂直整合。
6. 避免政府管制和客戶利潤的限制，可以進行垂直整合。

反之：

1. 市場效率高的產業，不需要垂直整合。

是否進行垂直整合要視個案而定。

2. 技術變化快速的產業，不要垂直整合。

3. 需求不確定高的產業，不要垂直整合。

4. 上、下游規模經濟不相合的產業，不要垂直整合。

5. 與買主產生嚴重利益衝突的產業，不要垂直整合。

既然垂直整合有利也有弊，廠商可以進行部份垂直整合（tapered vertical integration），或使用垂直控制的手段。垂直控制的手段，可以解決上、下游利益衝突的問題，而避免垂直整合。但如何使用，要視上、下游間的相對議價能力來定奪。

五、垂直控制的工具

固定轉售價格（Resale price maintenance）

具有品牌優勢的高價品（例如高價香水），為了維持品牌形象，一方面要求經銷商配合，提供高品質的服務；一方面也給經銷商豐厚的利潤，作為補償。但經銷商因為利潤高，反而可能以降價銷售，做為吸引顧客的主力產品，不僅傷害廠商的品牌形象，還造成不同通路間的衝突。其他經銷商不會積極促銷，甚至拒賣，造成品牌廠商的困擾。此時，品牌廠商可以要求經銷商，不得改變轉售價格，否則給予懲罰，如果不能固定轉售價格，通路間的衝突必定層出不窮。

固定轉售價格，曾經被許多品牌商使用。例如，名牌牛仔褲廠商李維（Levi Strauss），曾經規定，零售商的售價，不得低於規定價格，以維持高價品的形象。但固定轉售價格，在美國被判為違背「反托拉斯法」，不能再使用。

但上有政策，下有對策，有些廠商使用「寄售」的方式來維持統一的零售價。換言之，廠商將貨品委託經銷商銷售，銷售前的貨品是屬於品牌商的，如果發生火災，損失則歸屬於品牌商。由於是委託的關係，廠商可以規定經銷商在品牌商委託的價格下銷售。

固定數量（Fixed quantity）

固定轉售價格是希望經銷商維持高價，要求固定數量則是希望經銷商賣低價，固定數量指的是製造商要求經銷商，在一定期間內，達到一定的銷售數量。這個數量，就是製造商利潤最大的量。為了要銷售這個數量，經銷商必須要降價，因此可以解決上、下游利益點不相符的問題。例如，美國汽車業者，會根據當地人口、收入，計算出經銷商需要銷售的目標，三個月結算一次，如果達到目標，會撥給經銷商總銷售額3%的獎金。再不然就透過多重經銷系統，製造經銷商之間的競爭，降低售價。

專賣區域（Exclusive territory）和費用分擔（Expenses sharing）

經銷商對特定品牌的促銷費用，固然可以吸引顧客，但如果促銷的方式是大眾廣告，一經刊、播出去後，立即成為公共財，所有在當地的該特定品牌經銷商也雨露均霑，平白享受到其他同品牌經銷商促銷的好處。由於肥水落入外人田，因此沒有經銷商願意花費做促銷廣告。但是沒有促銷，產品銷路不佳，吃虧的還是品牌商。合理的解決之道，是先由品牌製造商花費促銷，之後由經銷商平均分攤當地的促銷費用。

第二個辦法是，給經銷商某個區域的獨家經營權，經銷商的努力，才不會白費。美國幅員廣大，需要當地化的行銷，因此，給予經銷商獨家專賣權，可以保證當地的經銷商促銷所獲得的利益，不會外溢。美國高級傢具店，在非都會區，給予方圓一百公里的獨家代理權。但在都會區，就無法授權給區域獨家專賣權，因此產生經銷商互相競爭的情形。

排外銷售（Exclusive dealing）

排外銷售，限制經銷商不得銷售競爭品牌的產品。這是垂直控制的一種手段。目的在減少競爭。

以上這些垂直控制的手段，可以解決下游廠商利益衝突，和道德危機的問題，而不須用到垂直整合。這也是美國汽車業，經常用來控制經銷商的工具。但國內的汽車業，乾脆垂直整合，一次解決所有製造商經銷商，上、下游利益衝突的問題。

確保貨源

另一個常常提到垂直整合的原因，是確保貨源。但這個問題，也可以用其他的方法解決，而不用垂直整合。

半導體產業常用第二貨源（second sourcing），來防止供應商一家獨大。第二貨源是要求晶片供應商，一定要授權給第二家製造商生產，創造出第二供應商。日本汽車業的及時存貨制度、衛星工廠等，都是確保貨源的方式。

各行業解決貨源的方式各顯神通，對美國的Hershey巧克力而言，可可是製作巧克力的重要原料，也是重要的關鍵成本，但可可的價格不穩定，Hershey考慮過垂直整合，但可可生產在熱帶，生產國家都是政局相當不穩定的國家，垂直整合的風險太高，所幸可可有期貨市場，利用期貨市場購買可可，以確保可可的供應量不虞匱乏。

因此，除了資產特定性沒辦法利用其他手段解決外，大多數垂直整合的理由，都可以用垂直控制，或其他方式解決。實在不需要垂直整合。下頁圖5-3的左方列出垂直整合的理由；右方提出解決方案，不須垂直整合。

除了資產特定性外，大多數垂直整合的理由，都可以用垂直控制解決。

圖 5-3 垂直控制與垂直整合

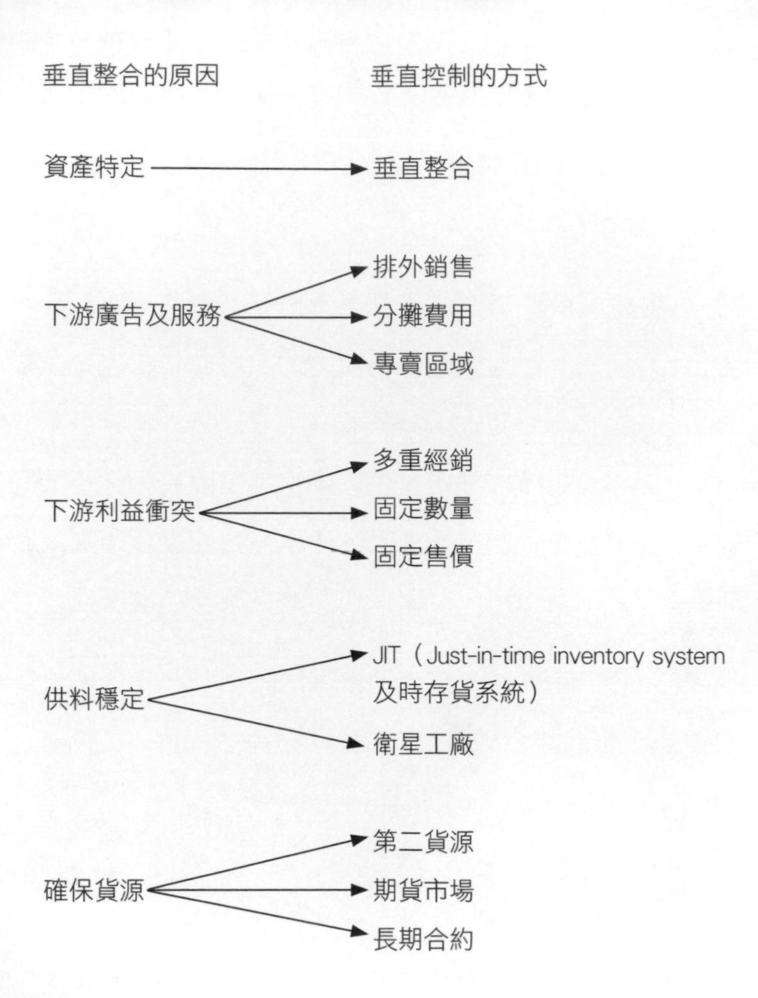

部份垂直整合（Tapered Vertical Integration）

既然垂直整合會產生許多問題，但不垂直整合又不安心，廠商可以考慮部份垂直整合。

以石油公司為例，石油消費，多在已開發國家，而石油開採地，多在開發中國家。石油公司必須用油輪運油，但油的需求，和氣候、經濟成長有關，氣候和經濟成長不容易預測，因此對油輪的需求，也難以預測。當北美或西歐、日本天寒地凍，用油取暖的需求大增，油輪運油現貨價格立即上漲，而且有所謂期望彈性（elastic expectation）。當油輪運油價格開始上漲，交易商預期未來會上漲，跟進買貨，造成價格在很短的時間內會衝破屋頂（went through the roof）；但價格下跌時，也如溜滑梯般，一溜直下。面對油輪業的劇烈變化，石油公司如何處理運輸問題？垂直整合自行運油固然可行，但不是最佳的做法。

一般而言，石油公司所擁有的油輪，只佔本身需求量的20%～30%，另外40～50%是和油輪業者簽訂長期的合約，油輪業者根據油公司的合約，向銀行申請貸款建造油輪。其它的20%～30%，從現貨市場購買油輪運輸。

六、結論

垂直整合是複雜的問題，從策略的觀點，「是否垂直整合」決定企業在價值鏈上的定位。垂直策略是削弱競爭者的武器，但也要付出代價；從經濟的觀點，垂直整合利弊互見，要看上、下游的市場結構、資產特定性、議價能力、專業經濟、技術變遷等等因素而定。在石化業，垂直整合是必須的；但在垂直分工的電子業，除了少數的例外，垂直整合卻適得其反。重要的還是要了解，決定垂直整合或不整合的因素。目前歐美企業的趨勢，是擴張核心競爭力，和供應商建立長期的關係，再不然使用垂直控制的手段，而不用垂直整合。

本章精論

1. 近年來，歐美普遍降低垂直整合程度。
2. 策略性垂直整合的目的，在於打擊競爭者。
3. 垂直整合可以進行鎖合策略，價格擠壓。
4. 垂直整合會增加營業利潤率，但不見得會增加投資報酬率。
5. 垂直整合事實上是外購或自製的決策。
6. 資產的特定性提高交易成本。
7. 交易成本的降低，造成外包的風潮。
8. 交易成本也可以詮釋台積電的策略。
9. 製造商和經銷商的利益，始終是互相衝突的。
10. 垂直整合並不是唯一解決上下游利益衝突的方式。
11. 垂直控制可以達到垂直整合的目的，而不一定非要進行垂直整合。

12. 除了要達到策略利益外，能夠不垂直整合，盡量不做垂直整合。

13. 垂直整合會被鎖入舊技術，無法使用新技術。

14. 是否進行垂直整合要視個案而定。

15. 除了資產特定性沒辦法利用其他手段解決外，大多數垂直整合的理由，都可以用垂直控制解決。

MEMO

策略精論

進階篇

第六章
國際化策略

一. 企業要不要國際化?

二. 競爭優勢可否跨越國界？

三. 國際進入策略

四. 全球策略佈局

五. 國際化的組織結構

六. 結論

* 水泥業的國際化
* 台灣食品業的競爭優勢
* 李安「臥虎藏龍」的國際分工策略
* 沃爾瑪百貨全球策略在中國

近二十年來，企業經營最重要的變化，除了資訊化以外，就是國際化。東歐、蘇聯各國、印度、中國、南美，將近有30億人口加入全球市場。不但在產品市場競爭，也同時在有限的資源上競爭。造成天然資源，例如能源、礦原料的大幅度上漲。2005年鐵礦砂的價格，上漲了71.5%；2008年又漲了70%。除了原料上漲外，各國對外的投資，也呈跳躍式的成長。例如，中國一年即吸收五百億美元的國外資金。國際環境的變動，造就了國際化策略的契機，因此「國際化」是公司必須面對的策略議題。

產業的國際化，徹底改變了產業的競爭生態。

從策略的觀點，產業的國際化，徹底改變了產業的競爭生態。首先，國際化產生新的競爭者。當各國逐漸鬆動對外國公司的管制，跨國企業MNE（Multinational Enterprise）挾其全球競爭的優勢，進入各個開發中國家，加速了各國產業的競爭。激烈競爭的結果，逼迫各國原本鬆散的產業結構，短期間產生質變，以應付跨國企業的挑戰。例如，國內的金融業過於零散，無法和跨國金融集團競爭，金融業的購併於是形成風潮。

其次，由於國際運輸和國際金融的便捷，生產商可以充分利用各地低成本的生產要素，重組全球的價值鏈。在價值鏈的重組過程中，廠商的競爭優勢，隨之改變，策略上也必須要改弦易張。

第三，全球市場的出現，意味著本地市場規模的大小不再是廠商發展的阻礙。廠商可以在全球市場上實現規模經濟，因此出現了大型的跨國企業。大型跨國企業的出現，代表著當地小型企業的衰敗，常常成為跨國企業購併的目標，造成產業結構的重整。

第四，當各國的龍頭企業進入國際市場，國際市場上不免出現大型企業的競爭。激烈競爭之下，迫使大型企業合併，造成全球產業的高度集中。例如，全球的製藥業、汽車業、電訊業、金融業，超大型的國際購併比比皆是，全球產業的競爭生態於焉改變。

最後，在消費品的競爭中，由於來源國（country of origin）的優勢，跨國公司享盡競爭優勢，土洋大戰的結果，通常是當地廠商敗下陣來，例如洗髮精、化妝品、香皂、洗衣粉等行業，幾乎都是舶來品的天下。

在產業競爭生態，隨著產業國際化的改變，企業的策略有四大議題：

第一 廠商究竟要不要國際化?

第二 國際化要去哪些國家?

第三 國際化的進入策略為何?

第四 國際化的佈局，該如何整合?

換言之，國際化的策略就是國際佈局（configuration）和協調（coordination）的策略。國際佈局就是利用槓桿作用（leverage），將本身的競爭優勢延伸到其他地區，或利用其他地區的優勢，加強本身的優勢。

一、企業要不要國際化?

國際化是產業的現象，產業國際化的程度，決定了企業要不要國際化。有些產業國際化的程度比較高，企業就必須要和國際接軌。例如，汽車業的國際化程度高，全球的汽車公司，紛紛合縱連橫，形成幾個大的汽車集團，不屬於這幾個汽車集團的廠商，幾乎沒有生存的空間。例如，裕隆汽車只得放棄自有的品牌，加入Nissan的陣容，直到2010年才自創品牌。

> 產業國際化的程度，決定了企業要不要國際化。

有些產業國際化的程度比較低，也比較不重要。例如，營造業及一般不具規模經濟的服務業，就不太受到國際化的影響。

可是最近幾年來，國際化的程度日趨重要，以往認為是當地化的產業，也必須面對國際化的壓力。例如，會計師業、律師業，百貨業，旅店經營業，速食業，國際化的程度越來越高；在製造和服務業中，沒有國外原料或零件的行業，越來越少。面對國際化的壓力，如何設計策略，使公司在國際化的過程中，取得重大的策略利益，就是一個亟需高度重視的策略課題。

如何設計國際化的策略？首先，要了解產業為什麼會國際化。換言之，要先分析產業國際化之後，對廠商和產業帶來哪些利益和威脅。

產業國際化的動力

需求和供給，是造成產業國際化的主要動力。從需求面來看，世界各地的偏好漸趨一致。比如，全球消費者偏好義大利的比薩、美國的牛仔褲。由於偏好的一致，廠商可以提高產品的標準化，同樣的商品得以行銷全球；市場規模的擴大，廠商可以全球的市場為基礎，實現經濟規模；也由於需求的一致，產生所謂的「全球產品（global product）」。全球產品代表不需要當地化，即可進行銷售。例如，可口可樂的口味全球一致。瑞士的SWATCH手錶、Nike的運動鞋、美國的搖滾樂、李安的臥虎藏龍，都是符合全球口味的產品，暢銷全球。

需求和供給，是造成產業國際化的主要動力。

第二個需求面因素是各國的貿易壁壘逐漸消除，而且由於世界各國的政治局勢逐漸穩定，政治上的風險相對減少，使得國際貿易和投資的風險降低。

從供給面來看，由於運輸價格降低，使得市場的流通範圍擴大。像鋼鐵這麼重的貨物，都可以行銷全球，由此可見，運輸成本在整個全球價值鏈中的重要性逐漸遞減。加上網際網路的興起，通訊成本大幅降低，造成控制成本和行政成本的降低，管理一個全球化的公司日益便捷；第二個重要因素，是科技擴散速度增快。先進國家的科技，逐漸擴散到開發中國家，不再由先進國家獨享，造成全球性的競爭。

以手機業為例，美國摩托羅拉原本一枝獨秀；隨後芬蘭的諾基亞，以數位（digital）無線通訊技術，超越摩托羅拉；獨占鼇頭不到十年，韓國的三星也繼起進入手機市場；台灣的聯發科和宏達電，近年來也成為強有力的後起之秀，摩托羅拉和諾基亞一蹶不振，全球競爭態勢隨之形成；台灣獨創的晶圓代工行業，也在中芯國際（SMIC）去大陸投資後，代工技術因此移植到對岸。高科技的技術在全球擴散，造成全球市場的競爭。

再者，國際財務金融越來越便利，由於國際資金的取得與使用越來越便捷，彈指之間國際資金可以迅速轉移，匯率的風險因而可以規避。而且跨國企業在多國股票市場上市，可資利用的國際資金在全球迅速成長。在在使得國際財務問題，不再成為企業國際化的阻力，企業還可以利用不同國家的資本市場進行套利。但最近一次金融風暴也透過國際資金的連動，席捲全球。水可載舟，亦可覆舟。

無論是需求、生產、還是政治因素，不難觀察到產業相繼走上國際化，廠商勢必要接受國際化的挑戰。甚至連水泥業，也成為國際化的產業。

水泥業的國際化

話說水泥業的運輸成本高，理應是本地化的產業，但是墨西哥水泥業的翹楚CEMEX，卻成為全球第三大的水泥公司。製造水泥的技術，數十年不變，已經是相當穩定的產業，產品無所謂差異化，國際化到底有哪些好處？

首先，由於特殊運送水泥的船舶，和碼頭分裝水泥的技術出現，使得水泥運送成本大幅降低，水泥業的國際貿易日趨熱絡。

水泥的需求和建築業息息相關，建築業又是景氣循環明顯的指標性產業，因為各國景氣循環的週期不盡相同，因此水泥業者，可以利用國際貿易，在不同景氣循環的國家中套利（arbitrage），將景氣衰退市場的水泥，賣到景氣好的地區。由於水泥可以透過國際貿易交易，原來300公里運送範圍的限制，不再限制經濟規模，因此水泥廠的規模擴大，降低成本。

水泥業國際化之後，可以在匯率上進行套利。匯率的變動可以利用國際化來調節。CEMEX也是因為及早國際化，成功了逃脫了墨西哥在1994年經濟和匯率的危機。不同國家的水泥業股票，也隨著幣值和經濟變動，CEMEX利用幣值和股票市場變動時，在開發中國家購併水泥廠商，每噸產能的資金成本低於100美元。

CEMEX在開發中國家銷售水泥，開發中國家的水泥銷售還有零售用戶，因此CEMEX成為全球知名的水泥品牌，在零售市場上，製造全球的差異化。而且CEMEX在進入西班牙語系的國家後，即透過一系列的購併，成為當地的龍頭廠商。

由於國際化，CEMEX可以將最佳的管理實務（Best practice），移轉到全球，也將不易預測的經營風險，分攤到全球，因此獲利的變動（variation）大幅下跌。CEMEX在美國交易的權證從2000年到2007年中間，足足漲了4倍。

國際化的機會觀：比較利益和競爭優勢

從策略的觀點而言，國際化就是借力使力（leverage）。使力的一方將本身的競爭優勢，延伸到其他的地理區域；借力的一方則借用其他地理區域的優勢。

國際化可以說是企業再造的契機。國際化的契機，可以從兩個方面來看。首先，國際化的目的在於利用比較利益（comparative advantage）。比較利益指的是其他國家具有低廉成本的生產要素。例如，低廉的人工和原料都是生產的要素。在利用比較利益的動機下，國際化的目的是降低成本。例如，台灣廠商國際化的動力，十之八九著眼於利用他國低廉的勞工或原料。

國際化的另一個機會點是使力，延伸競爭優勢。當廠商在國內市場取得競爭優勢後，將競爭優勢延伸到其他國家，複製在母國的成功經驗。大型的跨國公司如寶鹼（P&G），延伸其品牌銷售的競爭優勢；IBM延伸其IT服務的競爭優勢，均如是。沒有在母國的競爭優勢，很難進行國際化。

沒有母國競爭優勢，很難進行國際化。

一般以為，只有大型公司才能延伸競爭優勢。事實上，國內也有中、小企業國際化成功的案例。例如翔美雪花冰、休閒小站、快可立，這些品牌的加盟店遍佈全球，將近有兩千家之多，每天賣出數十萬杯的珍珠奶茶，著實值得額手稱慶（見《傳產明星》，商業週刊出版社）。相反的，國內的大型企業，倒是少有國際化成功的經驗。表示這些大型企業的競爭優勢，只侷限在國內的政、經環境，無法跨越國境。但一個企業的競爭優勢，能否跨越國界，要視他國的競爭生態而定。

二、競爭優勢可否跨越國界？

當企業在本國獲得競爭優勢後，第一步是在本國成長。當本國市場漸趨飽和時，企業必定想嘗試到國外去發展，成為跨國企業。

要成為跨國企業，一定要有下列四種能力之一：技術創新的能力、全球品牌管理的能力、全球價值整合的能力（Global Value Integrator）、或新的經營模式。雖然有這幾種能力，並不能保證跨國經營一定會成功。因為不同的國家，競爭生態不同，原來在本國經營成功的模式，跨國之後有時就會出現問題。在《基礎篇》第二章提到的沃爾瑪百貨就是一例。

沃爾瑪百貨的國際化

沃爾瑪百貨在美國非常成功，國際化的腳步也不慢，但從2009年財務報表中透露，沃爾瑪百貨的國際收入，佔公司總收入的30%。但來自於國際營運的利潤，只佔全公司的20%。

沃爾瑪百貨營運模式的成功關鍵在於其存貨的配銷系統，配銷系統必須依靠完善的高速公路網，只有已開發的國家，才有完備的高速公路網。因此，沃爾瑪百貨在已開發國家發展，才能充分發揮其競爭優勢，到了開發中國家，沃爾瑪百貨的優勢難以發揮，因此利潤也較低。

NTT docomo的國際化

日本電訊（NTT）的子公司DoCoMo，在1999年推出手機無線上網—iMode的服務，在日本境內大獲成功。究其原因，在於日本的個人電腦普及率不高，在辦公室上網又有很多限制，因此創造了手機上網的需求空間。

企業的經營離開國境，就會碰到無窮盡的挑戰。

再加上DoCoMo為主要廠商，手機廠商願意配合生產iMode的手機，iMode的策略定位是吸引喜好新奇，又沒有手機的年輕人為主，因此能夠大放異彩。當DoCoMo將iMode的經營模式，延伸到其他國家時，因為其他國家的競爭生態（PC普及率、使用習慣）和日本大相逕庭，因此一敗塗地。

星巴克咖啡（見《基礎篇》）和戴爾電腦的經營模式，受到地域的限制較少，因此延伸到國際市場，能夠成功。因此能否將競爭優勢，延伸到全球市場，要看企業的競爭策略，和當地的競爭生態而定，不可一概而論。

全球競爭優勢的來源

波特（Michael Porter）教授的研究，觀察到很多具有全球競爭力的廠商，群聚在某一國家或某一地理區域。

比如，台灣的資訊業集中在北台灣；義大利的珠寶業、高級鞋業，聚集在義大利北部；美國的高科技業，集中在加州矽谷和波士頓的128高速公路旁。地理優勢也出現在某些國家，例如，德國的化工業、法國的化妝品業、日本的家電業。這些優秀的公司，能夠在全球市場上，達到領導的地位，主要來自國家的競爭優勢。波特的鑽石模型，說明國家競爭優勢的來源。

具有全球競爭力的廠商，群聚在某一國家，或某一地理區域。

波特的鑽石模型由四個要素構成：生產要素、廠商策略、需求因素、和相關產業。如下頁圖6-1所示，這四個因素，有交互作用的效果，結果造成國家的競爭優勢。

波特的鑽石模型可以解釋台灣資訊工業的成功。資訊工業的標準化高，產業自然形成垂直分工。生產要素中，最重要的是電子工程人才的供給。台灣大專院校每年畢業將近兩萬名電子工程師（美國人口是台灣的13倍，電子工程師的產出只有台灣的4倍），因此在電子業能夠達到上、下游分工及整合，形成完整的供應鏈，再加上極度挑剔的買家（需求因素），電子業的競爭異常激烈

波特的鑽石模型，由四個要素構成。

（廠商策略），凡是能夠存活下來的廠商，可以從股票市場上，獲得低成本的資金和豐富的報酬，因此造成台灣資訊工業的競爭優勢，台灣廠商再將本地的競爭優勢，延展到大陸市場。相對的，大陸的廠商由於缺乏研發的人才，又無法上市集資，吸收人才和資金取得困難，因此雖然市場潛力龐大，但無法創造出能和台灣廠商相匹敵的競爭者。

圖 6-1 波特國家競爭力的鑽石模型

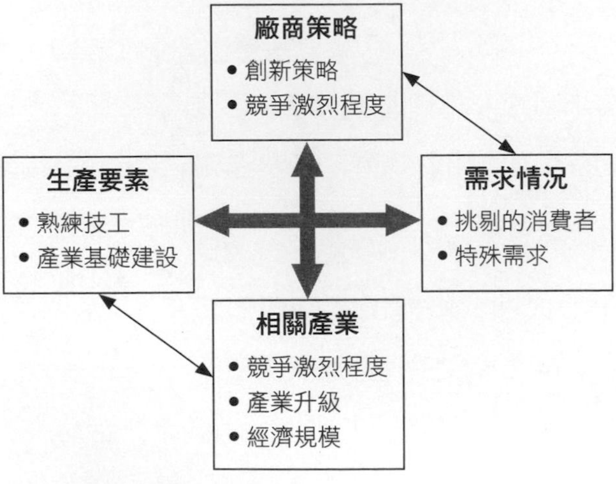

廠商策略
- 創新策略
- 競爭激烈程度

生產要素
- 熟練技工
- 產業基礎建設

需求情況
- 挑剔的消費者
- 特殊需求

相關產業
- 競爭激烈程度
- 產業升級
- 經濟規模

資料來源：Michael Porter，The Competitive Advantage of Nations（New York， Free Press，一九九〇）， p.72

從鑽石模型，可以解釋日本家電業和汽車業的全球競爭優勢。這兩個產業的國際競爭力，來自於日本國內市場的競爭激烈和品質要求高的消費者；相對的，日本的銀行業和零售業，由於有日本政府的保護，本地市場的競爭不激烈，因而無從培養在國際市場的競爭優勢。因此有學者認為，日本的經濟體是雙部門理論。外銷部門例如家電、電子、汽車、鋼鐵業，具有國際競爭力；但內需部門產業，例如零售、金融服務，確實沒有國際競爭力。日本過去二十年來的經濟衰退，是缺乏競爭力的內需部門拖垮了具競爭力的外銷部門。

事實上，台灣也有類似的情形。台灣內需型的大公司，也同樣缺乏國際競爭力；但外銷的電子資訊業卻生龍活虎。從波特的鑽石模型，亦可推理出義大利的皮鞋業，能夠暢銷全球的原因在於，有優良的原料來源和特有的製鞋機器。

台灣食品業的競爭優勢

電影事業是文化產業，理論上，文化事業是在地化較高的行業，國際化的可能性不高，就連保有精緻文化的歐洲，也拍不出行銷全球的電影。全世界只有美國的電影，拍得出各國消費者均叫好又叫座的產品，能夠風行全球。有人認為，美國電影以英文為主，而英文是世界性的語言，因此美國電影容易被各國的消費者接受。但英國及澳洲同樣也是英語系的國家，只見英國和澳洲的明星在美國電影內出現，卻不見英國和澳洲，拍出行銷全球的電影。也有人認為，美國電影和可口可樂、麥當勞、牛仔褲一樣，是一種強勢的美式文化侵略，但問題是為什麼美國文化這麼強勢？

簡單來說，美國是種族的大熔爐，各國移民和各色人種同時共存，因此美國文化融合了全球各式各樣的文化。為了適應美國的消費者，美國電影公司的影片，必須要符合大眾的嗜好，還要吸引各種族的口味，因此美國拍出的電影，要有「環球（universal taste）」的風格。美國人看得哈哈大笑或痛哭流涕的電影，全世界的觀眾也就會哈哈大笑或痛哭流涕。因此在美國風行的電影，也會風行全球。這是波特鑽石模型中的需求因素，造成美國電影業的競爭優勢。

台灣的食品業也有同樣的優勢，1949年政府播遷來台，同時有兩百萬大陸軍、民同時來台。經過60年的融合，台灣食品的風味，已經超越台灣本地的口味，而能適應全中國消費者的口味。在台灣賣得好的食品，在大陸也應該賣得好。因此台灣的康師傅、乖乖、永和豆漿、珍珠奶茶、桂冠火鍋料，全是台灣的口味，卻能夠行銷全大陸，而大陸廠商常侷限於當地的口味，例如北鹹、東酸、南甜、西辣，各地各有獨特口味，無法產生統一的「中國化」口味。這是台灣食品業到大陸成功的重要因素之一。

不僅食品業如此，台灣的錢櫃、天仁茗茶、麗嬰房，將台灣的經營模式幾乎原封不動複製到大陸，均相當成功。因此有些跨國公司，將新產品先在台灣試銷，銷售成功後再進軍大陸。這正是因為台灣的消費者，來自大陸各地，無形中成為各地的代表，這也是台灣在國際化中的競爭優勢之一。

三、國際進入策略

企業國際化的能力，來自於比較利益或是競爭優勢，無論是哪一種能力，國際化可以在其他國家實現比較競爭利益，可以擺脫國內市場狹小的限制，也可以充分利用競爭優勢。

國際化策略有二個層次：第一個層次是如何進入外國市場；第二個層次是在進入其它國後，如何統合協調全球的生產與行銷。最簡單的進入策略，就是利用比較利益外銷。自行外銷或是委託貿易商進行外銷均可，這是以前國際貿易商所作的事。除此之外，還有下列策略可以使用：

1. 購併

以購併的方式，進入其他國家市場。例如大陸的聯想購併IBM的PC部門，進軍國際市場、明基購併西門子手機部門、威盛電子併購Cyrix，進入微處理器市場。一般而言，除了水平購併，國際購併成功的機會很小。國內企業購併國外企業的成功概率，大約只有四分之一。國際購併所遭遇的法律、人才、經營管理的困難，不知凡幾，要有經驗的管理人員才能勝任。國際購併策略和一般購併策略的思考過程雷同（請見本書第三章成功的併購策略）。

2. 直接投資設廠

直接投資意指母公司到其它國家設立分公司，在當地設廠、裝置生產設備、佈建行銷網路，而母公司擁有百分之百的股權，這是一般公司偏好的進入策略。對於高科技公司而言，如果採取合資（joint venture）或授權

（licensing）的進入策略，科技知識容易洩漏出去。為了要保護智慧財產權，高科技的產業，寧願採取直接投資設廠，由母公司完全控制；對於有全球品牌形象的公司，為了維持全球統一的形象，在進入地主國時，也是都寧願採取直接投資，以確保產品形象。

3. 授權

第三個進入策略是將技術或品牌授權給第三國的公司生產。授權製造可以採取獨家授權（exclusive licensing），或者是多重授權（multiple licensing）。授權最大的好處是不用投資，即可享受報酬。但風險是技術有可能外洩。而且授權的交易成本高（請參考本書第五章對交易成本的解釋）。被授權的廠商（licensee）之所以要求授權，來自於本身資訊不足，通常是They don't know what they don't know。

在授權的談判中，處於弱勢的一方，對於授權後的績效無法預先評估，因此風險較高。權利金也應該包括風險折價，但對於授權的一方會擔心技術外洩，而且被授權的公司，可能成為未來的競爭者，因此授權者會要求風險

從利潤的角度而言，授權可能獲得的利潤，不如直接投資設廠。

溢價。由於雙方的利益不容易界定，整個交易過程的成本高昂。其實研究結果，先進國家公司對開發中國家的授權大多是快將落伍的技術。

再從利潤的角度而言，授權可能獲得的利潤，不如直接投資設廠。

獨家授權是指，在當地只授權單一廠商提供品牌的生產及行銷。獨家授權的優點是管理簡單，但是獨家授權，會造成在本書第五章所描述的上、下游利益衝突問題。被授權的廠商，希望增加售價、增加利潤；但授權的廠商，希望被授權的廠商，降低獨佔利潤，雙方的利潤最大點不同，容易造成利益衝突。

解決的方法可以採取**多重授權**。在當地找兩個以上的廠商，授權製造生產行銷，這種作法的好處是被授權製造的廠商，會互相競爭、降低價格、增加產品的總銷售量，也增加授權母廠的利潤。例如克萊斯勒（Chrysler），當年進入台灣時，就採取多重授權，有三個代理廠商。但多重授權，會發生搭便車（Free rider）的問題（見本書第五章）。

4. 合資生產

合資指的是和當地廠商合資成立公司。雖然大多數廠商偏好直接設廠生產的進入策略，但從地主國的觀點，地主國希望能擁有技術和保留生產所產生的利潤。和直接投資設廠相比，合資對於地主國的貢獻較大，因此常要求國外投資者以合資的方式合作。

從外國公司的觀點，起初要依賴當地公司的行銷知識，也樂於採用合資的方式。但就長期觀點而言，雙方的利益，會隨著時間而改變。當雙方利益改變時，也是合資企業壽終正寢之時。例如，美國通用汽車進入中國市場，以合資方式進行，通用汽車有三、四個合資案，透過別克、雪佛蘭等事業部分別進行，屬於不同的公司。由於通用汽車在中國，無法主導產品的價格，結果通用汽車的車型，在中國市場互相殺價競爭，造成無謂的損失。而且合資企業的中方，由於成本較低，還希望將生產的汽車反銷美國，這對於美國的通用汽車，造成極大的困擾。

除非雙方的利益攸關，合資策略大多數是短期的做法。根據研究，合資企業的平均壽命是7年。

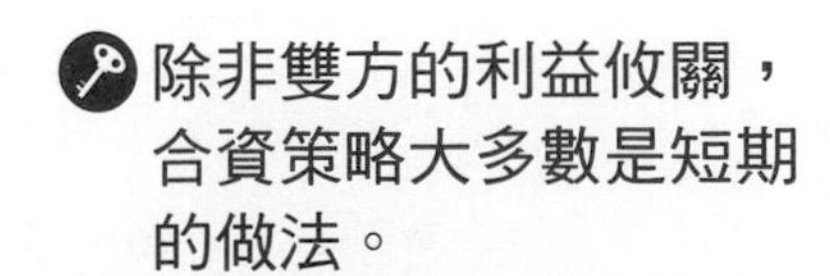

5. 策略聯盟（Strategic Alliance）

在早期國際化的過程當中，策略聯盟是非常流行的作法。二個或數個國際廠商聯合起來投資，共同開發新的產品，而形成策略聯盟。由於策略聯盟將大廠的利益，糾葛在一起，大廠商可以在國際上相互合作，劃分市場。

可是策略聯盟最大的問題是必須和對方平分利潤，但又難於計較彼此母公司的貢獻度，因此齟齬叢生。尤其是雙方都不願意拿出「策略」資產，做為合資的標的，因此管理特別困難。所以有人說：「凡策略必不聯盟，凡聯盟必不策略」，策略聯盟是從「有你、無我」，到「有我、有你」，再到「有我、無你」。

凡策略必不聯盟，
凡聯盟必不策略。

如果雙方產生利益分配不均，策略聯盟會變得不穩定。因此如果本身沒有強有力的貢獻，不要冀望聯盟夥伴會善待你。不必對策略聯盟寄予太多的厚望。例如Sony-Ericsson手機的策略聯盟，在形成初期就大放異彩。這是因為手機成為消費電子品，而Sony在消費電子的設計、技術、品牌、通路等有其卓越的貢獻。但當手機進入到智慧型手機時，Ericsson的技術不夠先進，策略

不必對策略聯盟寄予太多的厚望。

聯盟也無法達到預期效果。但若Ericsson的技術真的領先業界，Ericsson大概也不會和Sony聯盟。

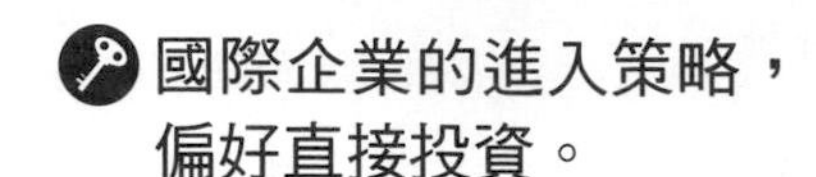

一般而言，國際企業的進入策略，偏好直接投資、成立子公司。最主要的考量是利潤和交易成本。筆者的研究顯示，直接投資的利潤最高，因為合資必須與合作夥伴分享利潤。而授權也因為權利金，無法提高到和直接投資的利潤相當，而不如直接投資，因此直接投資的利潤較高。

此外，從交易成本的概念而言，無論合資夥伴或被授權公司，均有可能產生欺騙的行為。例如，將技術偷出去自行運用、帳務不清不楚、授權金的計算基礎無法查證等等，為了要加強監督、管理，因此產生額外的交易成本。所以只有在當地政府要求下，或需要當地行銷知識時，才會考慮授權或合資。

例如，日本對於成藥的管制甚嚴，要申請藥物上市，需要經歷重重關卡，外商在專利的保護下，大多採取授權給當地的藥商生產，由當地藥商去處理藥物的批准和行銷問題。但是美商默克藥廠卻認為，日本是全世界第二大的藥物市場，要長期經營日本市場，一定要學會如何在地化，因此決定還是採取直接投資的方式，進入日本市場。由此可見，要長期經營國外市場，有競爭優勢的廠商，還是應該採取直接投資。如果沒有太多的競爭優勢，只好採取合資和當地公司分享有限的利潤。

四、全球策略佈局

以外銷為主的公司，全球策略就是要考量外銷到哪些國家。但以設廠生產、行銷，進入其它國家的公司而言，策略的選擇比較複雜。首先，要考量如何在全球的價值鏈中定位。台灣資訊業發展的成功，就在於能在全球資訊業的價值鏈中，具有「代工」和「製造」的價值鏈。加上資訊業垂直分工和標準化的特性，台灣公司定位成功，能夠短期快速發展，只可惜缺乏遠見，無法在產業價值鏈中，發展出研發和行銷的附加價值。台灣的生物科技產業發展艱困，肇因於沒能在國際生物科技的價值鏈上，追尋有利的定位。但在國際電影業，李安卻利用國際分工而成功。

李安「臥虎藏龍」的國際分工策略

2006年，李安以「斷背山」榮獲奧斯卡最佳導演獎，是第一位獲此殊榮的亞洲人士。李安的成功，部份可以歸因於其個人的策略。

1973年，李安以第108個志願考上國立藝專影劇科導演組（現台灣藝術大學電影系），個人才華得到啟蒙，但要成為一名導演，一名國際知名的導演，堪稱其路漫漫。於是李安先到美國伊利諾大學香檳校區，攻讀學士學位，再到紐約大學，進修電影碩士。

但這些學位，並不足以讓他實現導演的夢。一心一意想要執導筒的李安，採取綑束（bundling）策略（見《基礎篇》231頁）。先寫劇本，只要劇本能出名，就可以挾劇本的授權，要求導演的位置。因此李安在家中足足沈潛了6年，專心寫作，醞釀出了「推手」、「喜宴」等劇本，榮獲新聞局選為優良劇本。當時中影前來洽談劇本授權事宜，李安終於如願當上新片的導演。隨後幾部影片，李安都在國外獲得國際大獎，打開了國際的知名度。劇本綁導演的策略達到初步的成功。

到了「臥虎藏龍」一片，李安採取國際分工的策略。一開始，臥虎藏龍就以國外觀眾為目標市場，因此各工作小組的成員，均有國外工作的經驗。在製作過程中，不斷加入國際的品味，結合台灣的資金、香港和好萊塢的製片方式、大陸的拍攝場景；主要的工作人員，甚至可以用「八國聯軍」來形容。劇本撰寫除了台灣的王惠玲外，還有美國的James Schamus加入，為其注入美式風格、藝術品味；服裝、武術指導是來自香港的頂尖團隊，香港的武術指導早已薰染了好萊塢的風格，足以迎合美國的市場觀眾；拍攝則在大陸；後製作、音效，執行製片均是美國團隊；演員則有香港的楊紫瓊、周潤發，這兩位都曾在好萊塢和大明星合作過，在國際市場上有一定的知名度；新秀演員則有大陸的章子怡、台灣的張震；配樂和Sony Music合作，有馬友友的大提琴演奏、譚盾的作曲、李玟的演唱；發行方面，在歐洲是華納、美國是Sony Pictures Classics。所有價值創造的活動，在不同的國家完成，具有國際品味，是具體結合東、西方文化的產物，也是典型的國際分工模式。

整個分工模式的中心，簡單講就是李安。李安可以說是價值網中的價值整合者，扮演樞紐的地位，造成國際市場上的成功。

除了在全球價值鏈的定位外，國際化公司要在策略層次協調各國子公司的策略，從總公司的觀點而言，基本的選擇是廠商是否是要採取全球策略（Global strategy）或者是多國策略（Multi-domestic strategy）。

全球策略及多國策略

全球策略和多國策略，最大的不同點是當地化的程度和全球協調的過程。全球策略指的是在各國市場上，採取同樣一致的策略定位和競爭優勢的選擇，而且整合了各個國家的行銷、生產，達到全球統一的策略；多國策略指的是在地化（localization）的程度高，但各國採取的策略不同。

全球策略指的是在各國市場上，採取同樣一致的策略定位。

全球策略和多國策略，在下面幾個構面上，有顯著的不同：

第一，在**市場的參與程度**上不同。全球策略在各個主要的市場都有重要地位；可是在多國策略下，不一定需要進入每一個重要市場。

第二，在**產品設計**上，全球策略是全球同一標準產品，不依當地需求更改產品設計；而在多國策略，產品會因各個國家的需求而做調整。例如，波音公司發現，開發中國家的飛機場跑道，做得並不平穩，飛機降落時十分顛簸，結果使煞車失靈。為了改善這種狀況，波音公司就增加飛機的震動吸收效能，改成較容易吸收地面不平所造成的震動。

第三，對於**附加價值**的貢獻，如果採取多國策略，所有附加價值的活動，均在當地進行。可是以全球觀點來看，產品的附加價值可以根據不同國家的比較利益來決定，在不同的國家實現不同的利益。例如，美國的Baxter公司，就在全球尋找最低成本的生產基地。他們從新加坡換到馬來西亞，又換到加勒比海國家，再換到墨西哥。對於附加價值比較高的產品，則在美國當地做。例如手術用衣，他們在墨西哥邊境蓋一個生產工廠，剛好橫跨美、墨二國，在墨西哥地方所做的是裁剪、縫製，再運到美國境內，以精密機器加以高溫消毒、包裝，銷售到美國。

第四，對於**行銷**的作法，在一個多國企業當中，行銷完全視當地情況而定，例如，必勝客（Pizza Hut）到了蘇俄，中午除了供應披薩以外，還供應伏特加；到了中國，一改在美國送貨到府的服務，只採取外帶的做法，在中國成為用餐的餐廳，天天高朋滿座、賓客雲集。如果採取全球策略，就有全球的印象、全球產品形象。在全球產品形象之下，各個國家的作法都要統一。又例如，派克鋼筆採取全球策略，從定位、行銷廣告，全球統一。P&G在全球各國的定位也是相同。

第五，在**競爭**方面，由於各個國家的競爭狀況都不一樣，採取多國策略的競爭是以當地公司為主的競爭策略，因此並不需要考慮到其它各國的競爭策略。可是對於採取全球策略的跨國企業而言，必須面對全球眾多的競爭者，競爭策略要以全球的觀點出發。全球的競爭策略，也是從競爭或謀和的角度出發，從謀和的角度，跨國企業的競爭者，也是跨國企業，通常造成多重市場接觸（multimarket contact）（見《基礎篇》223頁），結果在全球市場上，形成恐怖平衡。若在某一市場降價競爭，對手可以在其他市場上報復，最有效的報復是在對手的母國市場降價報復，直接衝擊到對手最重要的市場經營，因此如果參與的廠商少，跨國企業的全球策略，不應該輕啟戰端，但也不要做過頭，以為在國際市場上明顯的謀和無所謂。

從1999年4月到2002年6月，韓國的三星、海力士（Hynix）、美國的美光、德國的Infineon，聯合哄抬DRAM的價格，結果被美國司法部逮著，美國司法部利用囚犯困境的策略，讓美光先招認合作，結果美光沒被罰錢，其他三家廠商，總共罰款7億3千萬美元，海力士的四位高階主管，因此鋃鐺入獄。2010年台灣幾家液晶螢幕廠商被美國司法部抓到和韓國三星聚會六十幾次，明顯合作決定價格，三星從DRAM的案子學乖了，先當污點證人，檢舉台灣公司的明顯勾結，結果台灣幾家公司被美國司法部重罰再加上主管去美國坐牢。

介於全球策略和多國策略中間的是地區策略。由於收入相同，消費者習性相同，國際化策略可以採「洲」或「地區」為單位。比如，公司可以有「泛歐」策略（pan-Europe strategy），以歐洲為主的策略。例如，宏碁在歐洲一反戴爾電腦的直銷模式，改用經銷商為主的銷售模式，創下亮麗的成績。但宏碁的策略可否沿用到習慣直銷的北美洲，則值得商榷。

要選擇全球策略，還是多國策略？關鍵因素很多，沒有定論。首先要看產業國際化的程度，產業國際化程度高，企業只有走國際化的路，其他如產品標準化的程度、消費者的口味是否統一、廠商競爭優勢可否轉移到各地區等等，不一而足。細節上的討論，已超越本書涵蓋的範疇。其中沃爾瑪百貨（Wal-Mart）的全球策略，在中國就碰到極大的挑戰。

沃爾瑪百貨全球策略在中國

當大陸的經濟開始成長開放，法商家樂福就進入中國市場，早已悄悄佈局多年。沃爾瑪百貨進入中國甚晚，幾年來在中國開了超過百家店，從深圳開始，深圳區域就開了11家店，然後到雲南、汕頭、瀋陽、天津、北京、哈爾濱，最近到上海開店。

沃爾瑪百貨發跡於美國，成功的策略包括：配銷系統和每日的低價政策（見《基礎篇》71頁沃爾瑪百貨的策略行動系統）。沃爾瑪百貨採取的是全球策略，在全球各地都採取相同的策略，由配銷中心倉儲系統、衍生的存貨控制、和低成本的策略，在全球執行。但這個策略，在中國卻受到挑戰。

首先，在配銷中心方面，沃爾瑪百貨在中國和美國一樣，要求各供應商將貨物先送到配銷中心，再從配銷中心送到各店面，如此可以降低存貨水準。但配銷中心有最小的經濟規模，沃爾瑪店數不多，只有在天津，上海和深圳各有一個配銷中心。結果補給線拉得太長，加上大陸的高速公路系統，不如美國發達，運送成本高昂。最重要的是大型的跨國供應商，例如可口可樂、雀巢等，比沃爾瑪百貨早到中國20年，已在中國各地佈下嚴密的供貨網，有數千個發貨倉庫，早就可以直接供貨到沃爾瑪各地的店面，如果沃爾瑪百貨堅持要先送貨到配銷中心，再由配銷中心運到各地分店，成本勢必增加。簡直是自找麻煩，但在全球策略下，沃爾瑪百貨仍然堅持全球一貫，不肯改變初衷。

沃爾瑪百貨的第二個挑戰，是聞名全球的每日低價政策（everyday low price）。沃爾瑪百貨很少打折大拍賣，標榜「隨時來買，價格最低」，一方面減少廣告成本，一方面消除消費者「等待打折」的心理，（見《基礎篇》69頁）。在每日低價政策下，沃爾瑪百貨的分店經理，基本上沒有定價的權力，績效衡量全以銷售額為主，由採購經理來負責利潤和銷售的雙重壓力。但是分店經理為了應付競爭者，可以對價格有百分之五的降價權力，但價格仍然不得高於成本。這個做法在美國行得通，因為沃爾瑪百貨的成本最低，當然可以實行每日的低價政策。

但在中國則不同，由於其他大賣場，如家樂福、大潤發等店，對於供應商索求甚多，常常要求供應商免費提供店內服務、宣傳單張、過年過節要求特價銷售、週年慶要求贈送特價品，不一而足。所以供應商在談價格時，早將這些成本也灌進去，預留不少的被壓榨空間。沃爾瑪百貨也了解這種情況，但沃爾瑪保證沒有這些需索，只要求供應商降價，不會做其他要求，希望拿到比其他大賣場更低的價格。但供應商不敢只對沃爾瑪百貨降價，否則一定會招致其他大賣廠的抵制。因為在大陸，沃爾瑪百貨的市佔率不見得比家樂福要高。結果沃爾瑪百貨不但沒得到好處，成本反而較其他競爭者高。對手正好採取游擊策略，價格上偶爾對沃爾瑪百貨發動攻擊，吸引顧客，沃爾瑪百貨只有降價反擊，打破每日低價的神話。

全球策略不容易做到，一定要做在地化的調整。

由沃爾瑪百貨的例子，可以看出，全球策略不容易做到。一定要做在地化的調整。

五、國際化的組織結構

對於一個多角化又國際化的公司，到底什麼樣的組織結構比較適合?

多重國家策略要採取以地區為主的組織結構。

基本上，有兩種組織結構提供選擇。第一種的組織結構是以地區為準，由各地區的總部來負責各個產品在當地的銷售、生產與行銷；第二種組織結構，是全球的SBU（Strategic Business Unit，策略事業部），就是全球性的事業部不以各地區為準，

全球策略要採取全球事業部的組織結構。

而是由各個事業部，來控制其全球的行銷。在各地的分公司，只不過是一個匯總的單位，發揮協調與控制的功能。這就由策略來決定組織結構，如果廠商採取的是多重國家策略，以地區為主的組織結構就比較適合；如果採取的是全球策略，全球事業部的組織結構就比較適合。

六、結論

有人認為台灣市場狹小，企業沒有伸展的舞台，因此缺乏國際級的公司。但瑞士、荷蘭、芬蘭、以色列都是小國，但卻能創造出如雀巢、飛利浦、諾基亞、和Teva製藥等國際級的公司。所以國內市場規模不是絕對限制的條件，企業本身的競爭優勢和借力使力，才是決勝點。國際化能實現經濟規模，延伸和培養競爭優勢，是企業壯大的重要契機。而且在ＷＴＯ的架構下，外國公司勢必進入台灣市場，台灣公司應該秉持孫子兵法「無恃其不來，恃吾有以待之；無恃其不攻，恃吾有所不可攻也」的精神，唯有建立跨國境的競爭優勢，才能做到「恃吾有所不可攻」。

國際級的競爭優勢不容易建立，從國際化的策略到管理制度的建立，樣樣都在考驗企業跨國的管理能力。有能力的企業，一定要掌握國際化的機會，才能在全球市場嶄露頭角，但國際化的過程，並不是一蹴可及，最重要的是人才和管理制度。人才需要靠時間來培養，要熟悉各地環境的作法。在移植母國優勢到其他國家，一定是複製現有公司的制度，制度不適合國際化的公司，會遭遇許多困難。

總之，企業的經營離開國境，就會碰到無窮盡的挑戰，但國際化是台灣企業成長的必經之路。有競爭力的公司，應該有能力將母國的競爭優勢，移轉到其他國家。先培養組織能力和競爭優勢後，再進行國際化就比較容易成功。

本章精論

1. 產業的國際化，徹底改變了產業的競爭生態。
2. 產業國際化的程度，決定了企業要不要國際化。
3. 需求和供給，是造成產業國際化的主要動力。
4. 國際化就是借力使力。
5. 沒有母國競爭優勢，很難進行國際化。
6. 具有全球競爭力的廠商，群聚在某一國家，或某一地理區域。
7. 波特的鑽石模型，由四個要素構成。
8. 從利潤的角度而言，授權可能獲得的利潤，不如直接投資設廠。
9. 除非雙方的利益攸關，合資策略大多數是短期的做法。
10. 凡策略必不聯盟，凡聯盟必不策略。

11. 不必對策略聯盟寄予太多的厚望。

12. 國際企業的進入策略，偏好直接投資。

13. 全球策略指的是在各國市場上，採取同樣一致的策略定位。

14. 全球策略不容易做到，一定要做在地化的調整。

15. 多重國家策略要採取以地區為主的組織結構。

16. 全球策略要採取全球事業部的組織結構。

策略精論

進階篇

第七章

技術策略

一. 技術環境的創新

二. 技術創新的經濟分析

三. 技術創新的特色

四. 結論

* 3M：如何管理公司的企業家精神

企業的策略，取決於企業的競爭生態和公司能力。產業的技術，對於產業的競爭生態和公司能力，有著深遠的影響。但只靠技術取勝的公司，會和技術一起走入歷史。

只靠技術取勝的公司，會和技術一起走入歷史。

百年前的工業革命，電話的出現取代了電報；彩色電視取代了黑白電視；電動火車頭取代了蒸汽火車頭；石英錶取代了機械式手錶。過去百年，技術的創新從不曾停歇。近20年在技術上的變化，更是日新月異。可以說是資訊革命的時代，帶來個人電腦的普及、網際網路的興起、智慧手機的出現，對各產業都產生鋪天蓋地的影響。在技術劇烈變化的時代，公司的價值可能隨時被取代，稍有不慎，公司瞬即消失於無形。

以電腦業為例，50到60年代的主機電腦時代，曾盛極一時的BUNCH（Burroughs、Univac、NCR、CDC、Honeywell）全數退出市場；到了70年代，DEC、Data General、Prime Computer、王安電腦，不是倒閉，就是被購併；80年代個人電腦出現後，Dell、HP獨領風騷。過去50年在電腦業的技術創新浪潮中，只有IBM屹立不搖，迄今獨步天下長達50年，似乎是永遠的龍頭。其他公司都伴隨著本身技術一起走入歷史。

要不被新技術的浪潮淹沒，企業必須要了解，技術環境對競爭生態的影響，才能形成對應的技術策略。

一、技術環境的創新

技術永遠在進步，但技術和水一樣，能載舟，亦能覆舟。技術創新，可以是廠商進軍新產業的生力軍，也可能是顛覆現有廠商的危機，因此技術是企業環境的重要環節。

技術的創新，像一粒石子投入池塘裏，會激起一波波的漣漪。技術創新也會在產業，激起一連串的連鎖反應，最後甚至影響到企業的競爭力。例如，煉鋼業的連鑄機（continuous casting）技術，對鋼鐵業的影響到20年後才完全達成。

技術和水一樣，能載舟，亦能覆舟。

煉鋼技術是先將鐵礦砂，在高爐中和焦炭一起冶煉成鐵水，然後將鐵水在煉鋼爐中煉製成鋼液。70年代以前，鋼液灌入模子裏冷卻後，形成鋼胚，再壓成鋼板、鋼片、或鋼筋。連鑄機跳過模鑄的程序，從鋼液直接鑄成鋼板，是鑄造技術上的創新。

技術創新會在產業激起一連串的連鎖反應。

連鑄在70年代末期出現後，顯著降低了鑄造的成本。第一個影響是造成模鑄（Ingot casting）的沒落。日、韓大鋼廠，在70年代成立時，即採用連鑄技術，增強了成本競爭力。但對於已經投資模鑄技術的美國廠商，由於模鑄尚可使用，暫時不需要投資新的連鑄技術，造成競爭力的衰弱；同時，由於連鑄機，大幅降低鑄造的最小經濟規模，只需年產量50萬噸即可（一般一貫作業，大鋼廠的最小經濟規模為年產量1千5百萬噸），造成使用電弧爐的小型鋼鐵廠，如雨後春筍般的設立。用電弧爐的小型鋼廠，可用廢鐵當原料，而廢鐵在美國境內，貨源充裕，價格低廉，因此小型鋼廠的成本低，大大打擊了美國一貫作業的大型鋼鐵廠。在內（電弧爐）外（日、韓大型鋼鐵廠）的夾擊下，到了90年代末期，美國垂直整合一貫作業，大鋼廠幾乎全部倒閉，只剩一家美國鋼鐵公司（U.S.Steel）存活。70年代的技術創新的影響，綿延了20年，連鎖反應才全然顯現。可見對於技術的分析要有長期的眼光。

但並不是每一種技術創新，都要等上20年才看得出效果。網際網路的出現，在10年內就造成全面而重大的衝擊。

要了解技術創新對企業經營環境的影響，首先要了解技術創新如何改變企業的競爭生態，再評估對公司經營策略的影響。

構成競爭生態的因素很多，我們要關心的首要因素，是會影響產業競爭生態的因素。這些因素，隨著不同產業而異（見《基礎篇》第三章），因此對於技術創新的分析，也因產業而有所不同。例如IT技術，不但增加產業的經濟規模，還造成金融服務業的集中度增加。網際網路的創新技術，反而降低了各行各業的進入障礙，造成新公司的興起。因此技術如何改變一個產業的競爭生態，並無定論，有各種的可能性。

技術創新，可以增加或減少經濟規模、增加或減少價格彈性、增加或減少產品耐久性、加快或延遲經驗曲線的效果、增加或減少垂直整合的必要性等等，不一而足，要做精確的分析，格外困難，且少有通則可資依循。

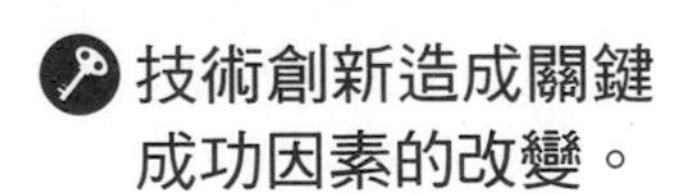
技術創新造成關鍵成功因素的改變。

更重要的是，技術創新造成關鍵成功因素的改變。比如在半導體業，以往的競爭重點，是半導體元件的速度，而速度倚靠微縮技術的進步。技術發展到了65奈米時，散熱成為問題，速度再快，也無法提升效能。因此競爭的重點，從運算速度移轉到散熱效能。

英特爾過去20年，教導顧客微處理器的速度，決定PC的運算效能，因此不斷推出速度更快的微處理器。但是現在碰到散熱的問題，英特爾又要再教育消費者，微處理器的速度，不是決定PC效能的重要因素，競爭的重點顯然因此改變了；為了增加PC的運算速度，PC裝置雙核心，競爭重點又成為多核心的競爭。英特爾的競爭優勢，也因為技術的更新而重新建立。因此技術創新在不同的產業，對經營策略有不同的影響。

本章的分析架構，是先分析技術創新的特色，然後再分析對競爭生態的影響。廠商的技術策略，要看技術創新如何塑造競爭環境而定。架構圖如下：

圖 7-1 技術策略的分析

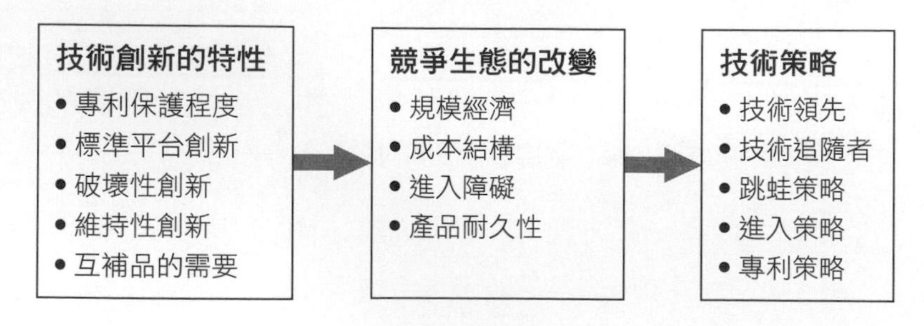

要了解技術創新對競爭生態的影響，必須對技術創新的經濟分析有所了解。以下是科技經濟（economics of technological innovations）的基本概念。

二、技術創新的經濟分析

1. 基礎科學由政府資助

廠商對於技術的投資著眼於投資報酬率。但基礎科學，如物理、數學等的投資，一者很難申請到專利，一旦技術發展成功，未投資的廠商一樣可以搭便車，得到技術創新的好處；二者商業化的前途不明確，因此一般廠商不會投資在基礎科學的研究上，（但早期的IBM、AT&T例外）。正由於基礎科學的外部性（externality），都是由國家來投資研發。

國家投資研發基礎科學。

2. 廠商大多發展產品技術（Product innovation），而非製程創新（Process innovation）

由於廠商的設備，由設備製造商來提供，設備製造商有較大的誘因，開發新的技術。因為設備製造商的新技術，可以賣給所有採用設備的廠商，而自行研發設備的廠商卻不會將創新的設備，賣給競爭者，僅供自己使用，利潤誘因不如設備製造商來的大。因此，除非是產業中的龍頭廠商（例如台積電和英特爾），或策略上的需要，為了以製程創新，創造差異化，否則廠商不會進行突破式的製程創新，頂多做製程的改良。製程改良對於廠商的商業利益較高，因為競爭者通常能夠觀察到產品的創新，而無法觀察到製程如何改良。

3. 小公司創新，大公司商業化

技術創新的過程，可以分為概念、研究、發展、生產、銷售的過程。小而靈活的公司，比較容易發展出新的概念或新產品的創意。這些新產品的概念，在市場上競爭，市場法則會決定產品的命運。大多數的新產品都慘遭夭折，通過試驗能夠存活的公司則能茁壯成長，但創業創新風險很高。

小公司創新，大公司商業化。

大型公司的內部管理講究流程，研發計畫要經過層層審核，經理人員的績效又以短期可見的利潤為主，再加上新產品會取代現有的產品，大型公司缺少產品創新的誘因，因此創新的能力，比不過小型的高科技公司。

所以小型公司創新的產品，在市場上成功後，吸引大型公司的青睞，大公司再行購買小而創新的公司，利用大型公司的製造和行銷能力，加以商業化，充分發揮新產品的潛力。

根據研究，二次大戰之後的27個重要發明，只有7個是大公司的研究部門研發出來的，其他都歸功於小公司的研發。

4. 創新的兩難

企業在創新的過程中，常常碰到兩難的抉擇。以製程的創新而言，如何採用新製程，是一件困難的抉擇。新製程的出現，表示新製程的平均成本，較舊製程低，但並不意味廠商會立即採用新製程。因為對舊製程的投資，已經屬於沈沒成本，不須考慮，只要價格高於舊製程的變動成本，廠商仍然有現金流入，就會繼續生產。但對新製程的投資，卻需要考慮投資的資金成本。包括新製程的投資，再加上生產的變動成本，就是新製程的平均成本。因此對新製程的投資，要考慮新製程的「平均」成本，是否「低」 於舊製程的「變動」成本。

如果舊製程的變動成本低於新製程的平均成本，廠商沒有誘因採用新製程來取代舊製程。雖然舊製程「平均」成本高，但只要價格高於變動成本，廠商還是會全能生產。儘管產品價格低於舊製程的「平均」成本，會計上，使用舊製程的廠商會顯示虧損，但仍會繼續使用舊製程。因為使用舊製程，廠商的折舊少，又沒有現金流出，廠商的現金流量仍為正值。因此在同一產業，我們常常觀察到，新、舊技術並存，新技術並不會馬上取代舊技術的原因即在此。

從產品創新而言，通常新產品的出現，意味著新的製程的出現，但新的製程需要投資，才能取代舊的製程。新產品在市場上所增加的價值（新產品的價值，減去舊產品的價值），不一定能彌補對新製程的投資，因此在推出新產品時，經常碰到兩難的抉擇。如果不立即推出新產品，則擔心競爭者捷足先登；如果推出新產品，又立即取代現有的產品。因此新、舊技術，新、舊產品的取代，關係頗為複雜，要詳盡的分析才能做出正確的決策。考量的重點在於新、舊技術，對於廠商長期競爭優勢的消長。

要解決創新的兩難，關鍵在於「時機」。所有的技術，一定會隨著時間進步，現有的產品和設備一定會逐漸老化、折舊，因此採用製程創新的兩難，不是要不要採取新設備，而是「何時」採用新的製程。對於新產品的思維，也是一樣的道理，產品的研發一定會持續進行，問題不是要不要推出新產品，而是「何時」該推出新產品，因此技術策略的關鍵，取決於「時機」。

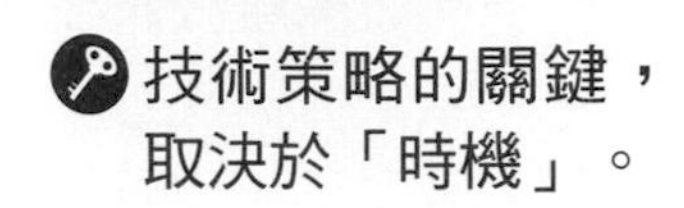

三、技術創新的特色

廠商對於技術創新的應對策略，有賴於對技術創新的分類。同樣的技術，對於不同的產業，可能是威脅，也可能是機會，甚至對於在同一產業不同的公司，也有不同的影響。難有通則可循。但一般而論，技術策略的選擇，還是依賴對技術變遷的分類。從策略的觀點，可以將技術創新分為下列幾類：

1. 一般技術環境的創新

有些技術的進步，對所有的企業都有顯著的影響。自動化和資訊科技的進步可說是最典型的例子。因為資訊科技的進步，包括網際網路的興起和電訊科技的突飛猛進，幾乎每一家公司都必須要考慮，如何運用資訊科技來創造競爭優勢，至少不要處於競爭劣勢。（如何利用資訊科技創造競爭優勢，請見本書第四章的解釋）。此外，能源科技和生物科技也會影響到許多產業的興衰。

有人說，18世紀是數學的世紀、19世紀是化學的世紀、20世紀是物理的世紀、20世紀後50年是電子／資訊的世紀、21世紀是生物的世紀。為了要追尋新技術的突破機會，據說MIT（Massachusetts Institute of Technology, 麻省理工學院）的校長，要求所有新任教授都要修普通生物學。

2. 平台或標準的技術創新

新技術通常會創造出新的產業，新產業開始時面臨高度技術的不確定性，有不同的技術互相競爭，假以時日，各技術各自改進，最後在市場上會有「主導設計」（dominant design）浮出檯面。主導設計逐漸形成該產業的標準，一直到下一個創新技術，再創造另一個新標準。

產品標準可以分為公益性和私益性的標準。公益性的標準，如度量衡的標準、污染排放標準等，標準的訂定，有益於全體社會，這些標準由國家來制定。但有許多標準，攸關廠商的利益，有些產業的標準，由主導廠商訂定，或由市場的競爭而逐漸形成。

產業標準的形成和網路的外部性（network externality）息息相關。網路外部性指的是單一使用者的效用，隨著使用者的多寡而遞增。最明顯的案例是電話或傳真機。如果全國只有一個人有電話，電話對這個人的效用是零，因為沒有對象可以撥打。但若使用電話的人越多，電話的效用就越高，這就是網路的外部性。標準的設定具有網路外部性的特質。因為越多人使用同一標準，成本可以降低，尤其是標準主流產品的互補品（complementary products）供給部份，必定會增加。

產業標準的形成，和網路的外部性息息相關。

以手機為例，歐洲建立GSM標準，美國採用CDMA、GSM。CDMA也是世界各國採用的標準，因此歐、美的手機製造商，可以縱橫天下。日本不想讓其他國家的手機製造商，染指垂涎日本國內的無線通訊市場，因此特意建立有別於歐、美的標準。結果反而使日本的手機製造商，不能利用國內龐大的市場需求，進入世界的舞台。有鑑於在2G無線通訊錯誤的決策，日本政府決定提早進入3G時代，而且採用的是世界標準。由此可見，標準對產業的影響至為深遠。

形成標準後，新的標準不容易取代舊的標準。一方面是因為配合現有標準，有無數的互補品，短時間內不可能全部替換；另一方面是因為消費者有轉換的成本，一但養成習慣後，不容易輕易轉換。

例如，打字機鍵盤的排列，並不是最適合人體工學的設計。當初（1873年）的設計目的是要讓打字速度「放慢」，以避免打字鍵軸互相卡住，但形成主流設計後，雖然打字鍵軸卡住的問題已經解決，但適合人體工學的新標準，並沒有取代舊的標準，因為消費者的轉換成本過高，舊的標準也已成為牢不可破的標準。

平台或標準的技術策略

如果技術創新是屬於平台或標準的創新，創新的公司要面對三種策略上的選擇。首先，如果創新的公司是屬於技術領導的公司，可以利用創新，制定產業標準。策略上的考量，在於如何建立有利於本身的標準。以PC產業而言，Apple 和IBM有迥然不同的策略。

Apple在PC發展的初期採取封閉系統，從作業系統到相容的附屬設備，都需要Apple的授權才能生產。IBM稍後進入PC市場，採取開放系統設計，其他廠商可以自由生產和IBM PC相容的軟硬體，IBM是電腦業的領導廠商，配合的廠商眾多，短期內迅速造成網路外部性效應，形成PC的主流設計。

Apple一直到10年後才開放一部份的系統，但為時已晚，挽救不了Apple PC的命運。直到2006年Apple的PC也開始追尋主流設計，但從IBM的PC標準上，得利最多的是微軟，而不是IBM（IBM PC在策略上的失算請見《基礎篇》第二章）。

雖然IBM PC採取開放式系統的策略奏效，但並不表示開放式系統，一定優於封閉式系統。以小型電腦作業系統為例，UNIX和LINUX均屬於開放式系統，供使用者免費使用，但兩者仍未能撼動微軟的獨佔地位。因為電腦的作業系統，需要經常維護、改進。由於是免費使用，廠商無法從更新系統中獲利，也沒有固定的組織或公司做定期的更新，自然無法和花費龐大的微軟的作業系統相比。

除非有多數廠商，或單一獨大的廠商，不畏懼微軟的報復形成聯盟，共同支援可以免費使用的標準，才有可能打破微軟的獨佔地位。但這又會產生「搭便車」的問題。Google的Chrome 作業系統是個例外，Chrome是開放系統，但Google也會投入資源維護改進，這是因為Google可以利用Chrome的平台產生上網和雲端計算的利潤，所以有誘因維護開放系統。

在產業中也常碰到多個標準互相競爭。例如DVD-RW就有DVD-RW plus 和DVD-RW minus的競爭；下一代的光儲存技術，也有藍光（Blue Ray）和HDVD標準之爭。結果SONY透過旗下的電影公司和其他電影公司合作共同支持建立藍光的標準，以技術見長的HDVD只有敗下陣來。

面對標準間的競爭，廠商應對的策略最好是儘早建立網路外部性，吸引配合的廠商生產互補品，形成大者恆大的局面。

當年錄影機的標準，有松下的VHS和SONY的Beta兩種系統。松下利用多重授權的方式，迅速建立VHS成為市場主流。一旦VHS錄影機的數量多，VHS錄影帶的供應立即增加，形成主流標準，因此成功阻絕了Beta成為標準之路。

2010年是手機的作業系統相爭的一年，有微軟的Mobile 7、Apple的iPhone、Nokia 的Symbian、Google gPhone的Android、還有英特爾和Nokia合作以Linux為基礎的MeeGo。MeeGo不僅是手機的平台，還是PC、電視、和其他電子產品的平台。鹿死誰手，有待觀察。

3. 破壞性或持續性的技術創新

破壞性的技術創新（disruptive innovation）指的是新技術的出現，毀滅了現有技術的價值主張，因而造成現有廠商和產業的消失。相對於破壞性創新的是維持性的創新。維持性的創新指的是技術創新可以提高現有技術的價值。從經濟分析的觀點而言，要判斷技術創新是破壞性創新或是維持性創新，要比較新技術的價格和「平均成本」的差距，是否大於舊技術的價格和「邊際成本」的差異。

破壞性的技術創新指的是新技術的出現，毀滅了現有技術的價值主張；維持性的創新指的是可以提高現有技術價值的創新。

此時，舊技術的價格是新技術出現後的價格，必須使用舊技術的邊際成本，因為原有舊技術的投資，已經是沈入成本，和是否採用新技術並無關聯。

歷史上，破壞性的技術創新很多，從早期的電話取代電報、電子手錶取代機械式手錶、汽車取代馬車、電力火車頭取代蒸汽火車頭、液晶電視取代CRT電視、到近年來數位相機取代傳統相機、網路音樂下載取代了唱片業。

一旦新技術對舊技術產生破壞力，其破壞力會一直作用到舊技術的消失。這種破壞的過程，可能幾年，也可能幾十年，但破壞性創新會徹底改變產業的競爭生態。破壞性創新對於現有廠商十分不利，現有廠商通常知道破壞性創新的優勢，但由於仍寄望於現有技術的改進，加上新技術剛開始發展的技術能力不佳，舊技術還能撐得下去，而且為了應付新技術的挑戰，舊技術還會衍生出防衛性的創新（defensive innovation），似乎可以和新技術一較高下，因此現有的廠商，不會毅然決然擁抱新技術，結果有破壞性創新對於現有廠商十分不利。

如「溫水煮青蛙」，最後擁有舊技術的廠商逐漸被市場淘汰。

在1970年代，美國的電弧爐小型煉鋼廠出現時，大型垂直整合的煉鋼廠看不上這樣小規模的經營型態，經過20多年的演變，除了最大的美國鋼鐵公司外，美國的大型煉鋼廠，全部關門大吉。但30年前，沒有人料到小型鋼廠會成為破壞性的創新。事實上，科技預測最困難的，是我們無法預測技術發展的速度，因此無法預測新技術「何時」會取代舊技術。

例如，我們知道摩爾定律（電晶體的數目，每18個月加倍）會有停止應用的一天，但無法知道何時會發生。我們也知道，在無線網路技術上，4G會取代3G，可是我們無法預測何時會全面更迭。同樣的，Flash記憶體是否在筆記型電腦取代硬碟、網路書店是否取代實體書店、手機相機是否取代數位相機，這些目前都不能蓋棺論定。因此要判斷新的技術是否屬於破壞性創新，殊為困難，無法先知先覺，大家都是事後孔明，但後知後覺，總比不知不覺要好。

如果廠商面臨的是破壞性創新，對於新的廠商，這是逐鹿中原最好的機會，應該選擇適當的時機，採用新技術進入市場。通常在破壞性創新產生以後，會誕生新的公司。

對應破壞性創新的策略

對於現有的廠商，策略的選擇可以是策略創新、多角化，利用互補性資產，和選擇新的價值鏈活動。

對於應付破壞性創新最好的做法是駕馭創新的破壞力，但這實非易事。應用這個策略，首先要分析產業的價值鏈，研究哪一個價值鏈的環節受到破壞。如果只有少數的環節遭受破壞，舊的廠商，可以利用價值鏈中的互補性資產，結合新的創新技術來贏得上風。

對於應付破壞性創新最好的做法，是駕馭創新的破壞力。

舉例而言，治療糖尿病病患的胰島素，1980年前都是從豬的胰臟提煉出來，競爭的重點是胰島素的純度。丹麥的Novo公司，整合了整個從採集豬的胰臟開始，到提煉出人類可以使用的胰島素的價值鏈，成為全球最大的胰島素廠商。但到了80年代初期，面臨禮來（Lilly）發明的基因工程合成胰島素，純度百分之百，破壞了整個豬胰臟胰島素的價值鏈，Novo公司因此面臨破壞性創新的危機。Novo先利用注射器的創新（互補性資產），讓使用者在使上用更方便，加上原有綿密的行銷通路，延續原來豬胰島素的生命，醫師在短時間內也不會立即轉向新的基因工程胰島素，Novo買了4年時間，開發出基因工程胰島素，並且購併其他胰島素公司，成功駕馭了破壞性創新的破壞力。但歷史上能夠在破壞性創新下，還能存活的舊公司的確不多。

網際網路盛行以後，音樂可以免費下載，音樂可以創造消費者價值，但無法收取費用，以往唱片公司的價值迅速下降，整個產業面臨破壞性的價值鏈。但在價值鏈的最後一段，演唱會的音樂呈現，無法被網際網路取代，因此唱片公司可以發行新音樂，但擁有歌星演唱會收入的權力，藉此才能彌補網際網路所帶來的破壞力。

如果整個價值鏈都被創新破壞，當然只有創造更新的技術價值鏈，採用新的創新，捨棄原有的價值鏈。

對於使用舊技術的廠商，當然可以選擇擁抱破壞性創新，但在使用新技術上，現有廠商沒有競爭優勢，也割捨不下過去的光榮和思維。例如，柯達的照相底片，面臨數位相機的競爭，照相底片勢必被數位媒體取代，柯達選擇進入數位相機產業，定位成數位公司，聘請摩托羅拉的CEO前來柯達擔任CEO，並賣掉製藥和生命科學部門。但是柯達公司必須和相機公司Canon以及數位公司Sony競爭。柯達的競爭優勢有限，直到2006年中柯達仍陷於泥沼之中，連續虧損3年，而被剔除道瓊指數公司；也生產相機底片的日本富士（Fuji）卻將自身定位成一個化學公司，多角化進入生產偏光板的原料TAC，目前是全世界TAC的龍頭廠商，逃避相機底片的劫難。

策略創新，對付破壞性創新。

此外，也可以用策略創新對付破壞性創新。瑞士機械錶的價值在於準時，但電子錶、石英錶的發明，破壞了瑞士錶準時的價值主張，瑞士鐘錶廠紛紛倒閉，最後以策略創新定位，開發出SWATCH系列，重新找到新的定位（見《基礎篇》15-16頁）。瑞士錶才從破壞性創新中，浴火重生。

多角化也是應付破壞性創新的策略選項。既然現有公司的價值主張被取代，不如利用過去所累積的核心競爭力，多角化延伸到其他領域。例如PC和印表機的出現，電動打字機遲早遭到淘汰的命運，製造電動打字機的雷明頓（Remington），面臨如此破壞性的創新，利用機電能力的核心競爭力，多角化到生產電動刮鬍刀，擺脫印表機的挑戰。

應付持續性創新的策略

持續性的創新指的是對現有技術漸進式的改進，並不足以完全取代現有的技術。大多數的技術創新，並不會顛覆現有的競爭法則。例如半導體製程技術的進步，從0.35微米逐步推進到35奈米；DVD碟機的速度從2倍到8倍等等。基本上，技術不斷進步的產業，面臨的都是持續性的創新。

由於現有廠商，對於舊技術的投資尚未回收成本，對於破壞性的創新不會立即轉換，因此破壞性創新對於現有廠商不利；但面對持續性創新，現有廠商反倒居於較有利的地位。因為持續性的創新是逐步漸進，通常奠基於現有的技術上。比如液晶顯示器的產業中，技術進步在於不同世代的工廠，不同世代的工廠就是屬於持續性的創新。

面對持續性的創新，廠商的策略選擇在於保持技術領先的程度，主要的考量是技術能力和技術領先所需的費用。筆者在伊利諾大學任教時，碰到英特爾的董事長莫爾（Gordon Moore），筆者問及有關技術領先的策略問題，他認為在半導體行業比對手多努力，大概可以領先2到3個月；但技術上要領先對手6個月，可能要多花10億美金；要領先1年，所花的研發成本可能是天文數字。因此不要一味的追求技術領先，有一個所謂的「最適」（Optimal）的技術領先策略即可。

面對持續性的創新，廠商的策略選擇，在於保持技術領先的程度。

如果在技術上無法和對手競爭，也可以採取跳蛙式競爭（leapfrogging competition）或技術跟隨（technology Follower）策略。

跳蛙式競爭指的是在產品功能上競爭，雙方互換龍頭地位，先讓對手在第一世代的產品技術領先半個世代。由於廠商不會頻繁推出新產品，造成產品自蝕現象，因此可暫時保持在同樣的速度下研發。在第二個世代，提前推出新產品以領先對手，讓對手技術暫時落後，對手會推出第三代的產品，本身然後再於第四個世代居領導地位。例如韓國的三星，在TFT-LCD產業的成功，在於運用跳蛙戰術。

1994年三星已經研發成功8.4吋、9.4吋、10.4吋的液晶螢幕，然後捨棄當年流行的11.3吋螢幕，直接跳入研發及生產12.1吋螢幕，打下在TFT-LCD的基礎。隨後，三星在TFT-LCD產業採取跳蛙策略，2003年跳過六代廠，直接進入七代廠，成功的建立產業領導地位。這便是從跳蛙策略，進階到技術領先策略。

如果跳蛙策略無法實現，廠商可以採用技術跟隨策略。跟隨策略是等對手先行研發，研發完成推出新產品後，再行仿製。採取技術追隨策略的廠商，關鍵成功因素就在於速度和控制成本的能力。

跳蛙式競爭，指得是在產品功能上競爭，雙方互換龍頭地位。

IBM以前常常採用「快老二策略」（fast second mover）。IBM研發能力非常高，在實驗室裡，有各式各樣的產品技術，但是IBM並不需要常常推出新產品，以免產生產品自蝕。對於市場上的新產品，IBM可以等待對手推出之後，靜觀市場上的反應，再決定是否要推出新產品。由於IBM的領導地位，IBM通常可以後來居上，仍然佔據市場鼇頭。例如IBM並不是第一個進入大型電腦的生產商，在主機電腦時代，也不是第一個推出分時（time-sharing）作業系統的廠商，但一旦進入，挾其市場地位，仍然打敗對手。到了PC時代，IBM仍然採取「快老二策略」。（見《基礎篇》）。

4. 技術的專利策略

如果技術拿到專利，可以擊退競爭者。專利日漸成為高科技公司的競爭武器，主要的原因有兩個：一個是因為美國專利容易取得；另一個是因為美國的法律制度，對於侵犯他人專利的公司，處以嚴重的處罰。如果侵權告訴成功，專利擁有者可以得到十分驚人的賠償，因此在高科技產業，專利訴訟不斷，對簿公堂成為家常便飯。對於日增的專利訴訟，高科技公司的策略是攻擊與防禦並用。一方面建立專利牆（wall of patents），有了主要專利後，再從主要專利上建立層層枝蔓的專利，來保護主要專利，避免競爭者繞過主要專利（invent around）；另一方面，高科技公司的專利庫，事實上無異是彈藥庫，可以針對競爭者的侵權行為，進行訴訟。

微軟的前技術長Myhrvold曾集資3億美元，成立「智財創投」公司（Intellectual Venture），專業從事智慧財產權的商品化，包括對侵犯智慧財產權的訴訟。智財創投公司一方面大肆購買專利，一方面養了25個以上的發明家，專門累積專利。此外專利的來源也包括倒閉的公司，專利權容易洽談而且便宜；再一方面，向大學購買專利，因為大學對於將專利商品化的過程，並不擅長，據報導（Financial Times, 2006年4月26日），智財創投在2006年，握有3千到5千個專利，每年還申請3百個專利。智財創投的價值主張和策略是將專利證券化（securitization），認為專利和產品可以脫鉤（decoupled），專利由擅長將專利商品化的專家處理；產品則由擅長生產的公司處理，因此可以發揮專利的最大利益。而且有創意天才的發明家，如果專職發明專利，收入不穩定，風險又高，即使成功獲得專利，將專利商品化的過程，既貴又長，這不是發明家擅長的事情，不如發明家集合起來，將權利交由智財創投公司管理，共同分享風險和獲利。宏達電和三星電子都和該公司簽有授權協議。

批評者認為，智財創投公司的商業模式包括訴訟，因為該公司沒有實質產品，當控告其他公司侵權時，被告的公司無可反告，因此高科技公司間的恐怖平衡，對該公司一點也起不了嚇阻的力量。該公司可以利用法律優渥的條款，從專利的訴訟得到高額的報酬。這也是該公司的價值主張之一，至於終究能否成功，仍有待觀察。

公司的整體技術策略

從公司的整體策略而言，技術策略在於建構公司整體的技術基礎，也可以說，公司的總體技術策略，就是建構公司的核心技術。例如佳能（Canon）的核心技術，就是精密光學和精密機械；IBM也體認到，雖然重新定位，成為全方位解決方案的服務商，IBM還是需要在主機電腦上維持競爭力。而半導體技術是維持主機電腦競爭力的基礎，因此IBM在半導體技術上，還是領先群雄。

除了建構核心技術外，公司技術策略依舊要受到公司整體策略的指揮。韓國三星（Samsung）最近十年的崛起，可作為參考例證。

三星在幾十年前，不過是一家貿易公司，後來成為製造黑白電視的公司。但是最近20年成為全世界最大的電子公司，關鍵在於公司的整體策略和技術策略。

三星的整體策略是利用公司的優勢，進入高科技業。但是三星選擇進入的行業和一般公司的想法不同。首先，三星在資金來源和資金成本上，有足夠的優勢。在資本市場不發達的國家，普遍存在著訊息不對稱。大型關係企業較小型企業容易取得融資，資金來源不虞之下，大型關係企業產生深口袋（deep pockets）的效應，不僅可以進行長期投資，還可以對財務資源有限的競爭對手，形成強烈的威脅；其次，三星是多角化的公司，長期投資品牌，品牌的效應擴及多個產品線，產品線中又產生交叉銷售、交叉補貼的效果。因此某些產品線可以忍受長期虧損，這是一般大型企業多角化的優勢。而三星能夠脫穎而出的關鍵在於三星贏的策略（見《基礎篇》第二章）。

相對於IBM和三星由上而下的技術策略，3M是由下而上的保持內部創業精神，請見下例。

3M：如何管理公司的企業家精神（Entrapreneurship）

3M：創新的企業

1902年成立的3M以開採砂礦起家，到1992年經演變成為高度多角化發展的國際企業，利用該公司47個部門中設立的3,900個利潤中心，3M的產品多達數千種以上，銷往全球57個國家，年銷售額超過140億美元。3M的創新哲思反映在公司長期不移的目標上。原來過去五年內發展出的新產品銷售額僅佔總銷售的25%。3M的執行長戴西蒙更強調3M的創新能力，他設定的新目標是：過去四年發展出的新產品銷售額，最少佔總銷售的30%。

3M的哲學

在3M設立的前25年處境相當艱困，3M在此期間從原本的煉製廠轉型成為沙紙製造商，3M在1920年代經歷相當大轉折，數位年輕的發明家利用3M的薄層塗鍍與黏性技術，開發出防水沙紙與黏性膠帶兩項產品，劃分出3M的產品線。自那時起，3M的管理階層致力建立該公司的核心技術與員工樂於創新的環境，「激發普通人發揮不尋常的表現」（induce ordinary people to show extraordinary performance）。

3M這種分權的組織必須達到相當嚴格的標準，在達成新產品銷售目標外，每個部門還得達成公司設定、調整通貨膨脹因素10%的成長目標，20%的稅前毛利率以及資本報酬率達到27%。

1990年代早期，3M至少發展出100種新技術，從3M發跡的煉砂、黏性產品與薄層塗鍍製程外，更擁有特別的高科技技術，其中包括微連結、數位元影像與皮膚藥物運送系統等技術。為維持技術領先的地位，3M在全球至少設立100個實驗室。3M至少花費銷售額的6%到7%做為研發經費，比美國企業平均研發經費高出二倍，3M在2010年的研發經費高達一億四千萬美元。

為確保技術可被有效發展與應用，3M試圖維持一個具創新與創造氣氛的環境。3M發展出「15%」原則，允許員工利用15%的工作時間投注在開發對公司有價值的創新概念上，公司替最具創造性發展的員工設立專案團隊，逐漸增加專案團隊的經費，遵循「做得少、賣得少」(make a little， sell a little)的發展原則。歷經嚴格審議評估的團隊可以發展為新事業部，待新事業部銷售量日益擴展後，再把達到30%新產品銷售目標的計畫獨立成為部門。這樣的作法成為自我創造永恆的過程，並內化成為3M「成長與自立」(grow and divide)的經營哲學。

在八零年代，3M認為新產品主意，由下而上(bottom up)的方式比較有效，因此千方百計希望員工提供公司新產品的主意，通常新產品的主意意味著新的事業的產生，為了鼓勵員工內部創業的行為，3M在研發副總之下設立「新事業發展部」（New venture division），負責公司的新事業發展，如果員工有新事業的好主意，可以提到新事業發展部審查，審查通過，新事業發展部只提供一半的資金，另一半由其他事業部提供。在新事業發展部下成立事業單位，為了滿足員工創業，當家作主的需求，由提出新產品主意的員工擔任新事業的總經理.其他人員由總經理在內部招募，事業開始之時，公司只要求提高每年的成長率，五年後，再要求利潤率．雖然新事業的失敗率高，只要新事業的員工努力工作，即使失敗，公司也保證可以回到原來職級工作．如果成功，新的事業部就獨立出去，成為獨立的

SBU(Strategic business unit).經過幾年的試驗，新事業發展部的做法經過幾年的實施，並沒有達到預期的效果·後來才轉成15%rule.

組織架構、文化連結與利用3M分散的知識與技術，成為維持3M企業體系運作的主要因素。員工在進入3M企業初期，都要瞭解「產品屬於部門、技術屬於公司所有」(Product belongs to the division， technology belongs to the corporation)的組織文化，3M並利用各種不同的組織工具，鼓勵不同部門科學家或經理人串連發展非正式的網絡關係，依慣例，只要公司有需要，隨時可以集結各路人馬組成專案團隊，跨部門的科技人員交流是3M內部司空見慣的事。

3M也體認到有必要保有3M以創新為基礎的企業精神並忍受非故意發生的失敗（tolerate unintentional failure）。3M在高度選擇性地支持層出不窮的創新概念時，也要對未達成目標的計畫一視同仁，才不致扼殺員工的創新思想(never kill an idea)。

3M CEO相當佩服前線研發人員捍衛本身計畫的精神，時常提及一位部門總經理的故事，他曾多次試圖叫停這個部門進行的絕緣物材研發計畫，但這個團隊堅持努力不懈，終於獲得成功，開發出名為Thinsulate、可以用在衣物外觀上的絕緣物質。

尊重個人(respect individuals)與創造一個讓創新概念源源不斷湧出、具企業家精神的環境，正是3M的中心價值。經理人必須尊重各項萌芽的概念，他們必須自問：「你是否看出那些疏漏之處？」，他們可以稍微閉上眼，或是留下一絲空間給那些堅持具有創新意念的員工(always leave a crack open)。基於上述這些管理邏輯，3M成為全最創新的公司之一。隨後，Google也倣效3M，採取20% rule，員工可以花20%的時間做自己有興趣的產品研發。

四、結論

亞理斯多德的名言：「唯一不會變的，就是變化本身（The only thing that will not change is change）」，技術尤其如此。新技術的出現，會對現有廠商、產業結構，造成破壞力。破壞力的作用大小和長久，並沒有定論，因此應該針對不同的技術創新，擬定不同的策略。有些技術創新可以申請專利、有些是屬於平台的創新；有些破壞力強，成為破壞性的創新；有些創新會改變產業原有的價值主張；有些創新，會改變產業的競爭生態，種種變化不一而足。

公司在產業的地位又不同，有的主要公司可以控制技術發展的方向、有些公司只能被動等待技術創新的問市。再加上技術預測誤差甚大，因此無法發展出一套周全的理論，來解釋如何發展公司的策略，以資應付技術的創新。可靠的方式還是以分析個案為主，從技術變遷的經濟特性，衍生出對競爭生態的變化，再從競爭生態的變化，導出應對的技術策略。

技術變遷的立即影響，當然是對現有廠商競爭力的挑戰。其實技術的變遷，最大的影響在於新經營模式的出現。電話、電腦、基因工程、PC、網際網路的出現，都造成原有產業競爭法則的大蛻變。新的技術造成新機會，以及新的價值主張，因此新的經營模式，如雨後春筍般的出現，這些新的經營模式，才是技術策略分析的重點。

本章精論

1. 只靠技術取勝的公司，會和技術一起走入歷史。
2. 技術和水一樣，能載舟，亦能覆舟。
3. 技術創新會在產業激起一連串的連鎖反應。
4. 技術創新造成關鍵成功因素的改變。
5. 國家投資研發基礎科學。
6. 小公司創新，大公司商業化。
7. 技術策略的關鍵，取決於「時機」。
8. 產業標準的形成，和網路的外部性息息相關。
9. 破壞性的技術創新指的是新技術的出現，毀滅了現有技術的價值主張；維持性的創新指的是可以提高現有技術價值的創新。
10. 破壞性創新對於現有廠商十分不利。

11. 對於應付破壞性創新最好的做法，是駕馭創新的破壞力。

12. 策略創新，對付破壞性創新。

13. 面對持續性的創新，廠商的策略選擇，在於保持技術領先的程度。

14. 跳蛙式競爭，指得是在產品功能上競爭，雙方互換龍頭地位。

MEMO

策略精論

進階篇

第八章

知識管理策略

一. 競爭型態的歷史觀

二. 知識與競爭優勢

三. 知識管理的流程和策略

四. 結論

* 警察局長的默會知識
* 沃爾瑪的菜籃子分析
* 文件的妙用

民國86年6月24日，台積電以4,979億元總市值，超過擁地千畝的國泰人壽4,798億市值，成為台灣股市的股王。這不僅表示策略創新的優勢，也表示知識股打敗了資產股。以「知識」為主的公司勝過以資產為主的公司。隨後的聯發科技，以6百位員工創造出1千8百億的市值，再一次證明以知識為主，而非以資產為主的企業所能創造的價值，這同時意味著，另一波管理典範的轉移，以及新競爭型態的出現。

知識股打敗了資產股。

新的形態是「知識經濟」的世紀。知識經濟就是將知識轉換成經濟，價值創造的來源憑藉的是知識，而非以往的土地、資金和天然資源。微軟的比爾蓋茲曾經問員工：「如果週末爆發美、蘇大戰，蘇聯飛彈摧毀了微軟所有的建築物，硬體設備也都被炸毀，但員工週末放假，不在辦公室，所以人員毫髮無傷，經過這場戰爭，對微軟的股價會有多少影響？」答案是：沒有多少，因為微軟的員工可以重複製造微軟的產品。換言之，微軟在股票市場的財富，全部在員工的腦袋裏，因此是透過知識所創造的財富。因為**知識等於財富，知識管理因而風起雲湧，近年來成為顯學。**

知識經濟就是將知識轉換成經濟。

一、競爭型態的歷史觀

過去40年，競爭型態不斷變遷，二次大戰後，各工業國生產的設備，全部付之一炬，百廢待舉，需求大於供給。當時，能夠生產的公司，即是獲利的代名詞，競爭的焦點在產能；到了60年代，各國工業基礎均已建立，競爭的重心移轉到成本及價格，公司的生存及獲利視其成本地位而定；進入70年代，競爭的決勝點又改變，各廠商均已知曉，如何生產出低成本的產品，成功與否在於產品品質。品質成了成功的關鍵因素；80年代，低成本及高品質又成為廠商必備的條件，競爭的焦點移到國際化及以時間為主的競爭，廠商間的競爭不只是成本、品質，而是如何開拓國際市場，建立全球化策略，以及如何在更短的時間將產品推廣到世界市場，競爭的壓力，迫使管理方式再次接受挑戰；而90年代競爭型態再一次發生巨大的變化，以往的品質、成本、全球化、快速推出新產品，都成為廠商生存的必要條件，各競爭者的差異無幾，下一步競爭的基礎，在於如何運用知識，創造他人無可模仿的競爭優勢。

以台積電為例，其機器設備不足以構成長期的競爭優勢，因為機器設備三、五年即落伍，而且競爭者也可以買到同樣的機器設備，其所依恃的是如何運用人才創造製程的知識，成為自家的智慧資產，創造對客戶更高的附加價值，這些知識的組合，才是支持台積電成為台灣市值最高的公司的基礎。

美國的例子也屢見不鮮，微軟、英代爾及網路公司資產都不多，但市場價值均一飛沖天。2004年才上市的Google，到2010年市值達到2千億美金，固定資產佔其市值的二十分之一都不到，又是知識股的代表。

財富的創造繫於如何創造及運用知識。

Google的市值遠遠超過創業百年的柯達、GM、福特的總和。因此，財富的創造繫於如何創造及運用知識。以知識為主的競爭（Knowledge -based competition）時代於焉展開。

從以上數十年經營型態的變遷，也可以看出管理技術日益精進，關鍵成功的因素（KSF）在競爭者競相投入後，不旋踵即成為另一種KSF：關鍵存活因素。

比如近年，全球運籌系統為電子業的關鍵成功因素，不出一、兩年即成為關鍵存活因素。沒有能力建立全球運籌系統者便無法在市場立足。因此，廠商必須知道，如何創造或跟隨產業的關鍵成功因素；當關鍵成功因素轉變成關鍵存活因素之前，必須再重新建立新的核心能耐，以應付新的競爭型態。以知識為主的競爭，儼然成為下一波競爭的主流。曾任惠普CEO的Platt說過：「如果惠普公司能掌握全體員工的知識，惠普的利潤定會超過十倍。」這表示個人知識的總和遠遠大於公司的知識，所以知識需要管理。

關鍵成功的因素在競爭者競相投入後，即成為關鍵存活因素。

二、知識與競爭優勢

策略管理的目的在於維持長期的競爭優勢。但隨著全球市場的興起，國與國的藩籬盡除，競爭者可以隨時加入全球產業的競爭行列，傳統憑藉經濟規模進入的障礙已逐漸降低。有形的（tangible）競爭優勢，如現代化的機器設備已無法長久維持，短期內即被競爭者模仿而蠶食殆盡；無形的（intangible）的競爭優勢，如品牌、專利，也可透過購併手段而削弱，但公司的「知識」資產，卻有許多特性，可資成為持久的競爭優勢。

首先，知識經常是隱性（tacit）和默會的（見下節），藏於個人的思維之中、做事習慣中，難以言傳，不容易為競爭者所模傚；其次，知識通常存在於組織團體中，是團體共有的資產（groupware），只是個人知識難以發揮作用。而且要使團體知識發揮作用，還需要互補的資產，例如公司的資訊系統、作業方式，競爭者難以用挖角的方式，來獲得組織獨特的知識；再者，由於知識具有因果關係模糊性（causal ambiguity）（見《基礎篇》第六章），即使競爭者欲模仿典範公司的產品、做法，也只能看到外顯的產品、做法，只知其然，而不知其所以然，要模仿也無從下手；最後，知識與時俱進，知識管理優良的公司，將創造知識的過程加以制度化，因此能夠領先對手，造成持續性的競爭優勢。因此以團體為主的知識管理制度是最好的持久性競爭優勢。

以團體為主的知識管理制度，是最好的持久性競爭優勢。

從策略的觀點，公司的知識成為公司的核心競爭力，可以延伸到其他的領域。例如，聯邦快遞為了準時完成空運服務，必須要有精準的氣象預測，當聯邦快遞發展出氣象預測的知識後，將氣象預測賣給需要的客戶。

警察局長的默會知識

筆者有次在台北市警察局進行知識管理的課，課堂上隨口問了一位警察局長：「您在外巡邏，看路上行人，您知不知道誰是好人？誰是壞人？」這位警察局長回答：「我做了二、三十年刑警，當然知道。」筆者為之一愣，沒料到他真的回答說知道，繼續追問：「您怎麼知道的？」他說：「只要在不適當的時間，有不適當的穿著，出現在不適當的地點，大部分都是壞人。」如何判斷是否「不適當」？這就是這位警察局長隱性的「默會知識」。如何將這些警察局長們的隱性知識，加以彙總、分析，轉化成「顯性」知識，才可加以傳播分享，將隱性知識轉化成顯性知識，就是知識管理的目的。

知識經常是隱性和默會的。

沃爾瑪的菜籃子分析

美國最大的百貨公司沃爾瑪（Walmart）如何賣香蕉，也是知識管理的一個例子。傳統的超市均是在水果區販賣香蕉，但沃爾瑪有全美最大的消費者行為資料庫，透過其資料庫的分析，沃爾瑪發現，消費者通常會買一組產品，如果在架上將這組產品陳列在一起，會減少顧客的搜尋時間，增加購買率。這是沃爾瑪著名的菜籃子分析（basket analysis）。

例如，買了感冒藥的顧客，通常需要面紙，而消費者在購買了感冒藥後，已提不起勁再去找面紙的貨架，為了增加坪效，沃爾瑪就會將感冒藥和面紙陳列在同一區。以此類推，咖啡應緊鄰蛋糕，萬聖節的裝扮應和手電筒放在一起。香蕉不再局限於水果區，而應將香蕉和早餐麥片放在同一區。

事實上，根據沃爾瑪資料庫的研究，若香蕉擺在店內各個角落，顧客一定會多買。沃爾瑪賣香蕉，即是利用資料庫進行知識管理的實例。

美國第一資本信用卡公司（Capital One），利用其資料庫及統計模型，過濾、篩選出「會花錢、會欠錢、也會還錢」的消費者，而成為成長率最高的專業信用卡公司。從這些實例可以看出，以知識為主的競爭，勢將成為未來競爭的主流。

知識經濟與金領階級

工業革命後，工廠紛紛設立，大量招募勞工，大部分的員工穿上藍色制服，因此泛稱勞工階級為「藍領階級」。隨後公司的規模擴大，資本市場的發達，需要行銷、財務等專業人才，因此造成了資本主義下的專業經理人。當時專業經理人都是穿白襯衫、三件式西裝上班，又稱為「白領階級」。當社會成為知識經濟的世界後，公司不再需要太多的資本投資，公司的價值大多由員工創造，因此在年度分紅中也能佔有一席之地。有專業知識的工作者，在職業市場上也獲得高薪。例如，國內高科技產業的員工，以往分紅動輒百萬元以上。知識經濟中，有知識的一群專業人士，能夠透過資訊科技，將知識重複製造，創造價值；和藍領勞工相比，知識經濟造成了社會上工作報酬的兩極化，高高在上的一群，就成為了「金領階級」。

知識可以重複製造，創造價值。

如果知識管理這麼重要，為什麼到了近年才成為顯學？以往公司要進行知識管理，面臨到許多問題。首先，知識只能累積在公司員工的腦海中，無法有系統的記錄下來；

其次，就算記錄下來，寫成文件，檢索閱讀十分繁複，造成知識擴散的障礙。因此在過去，雖然管理人員認識到，知識管理的重要，但無法確切執行知識管理。近年來，網際網路、公司內部網路、知識管理、電腦工具的蓬勃發展，使得知識編碼、知識擴散，更為方便，知識管理可以說是網際網路造成的新的機會（enabled opportunity），因此知識管理成為管理上的重大議題。

企業知識為什麼需要管理？

大家都知道行銷、生產和財務需要管理，但公司內部的人際關係，不需要公司來管理，知識為什麼需要管理？

首先，公司的知識散在各處，需要經過管理的程序，將知識變成可以實現的價值；其次，公司的知識大都存在員工的腦海中，這就出現三個問題需要解決。第一，員工的知識大多和前述的警察局長一樣，都是隱性的「默會知識」，常常是只可意會不可言傳。知識管理的目的，就在於將隱性的知識轉成顯性的知識。換言之，就是要將員工的知識明文化，可加以傳播、擴散、廣泛應用以創造價值。

知識需要管理。

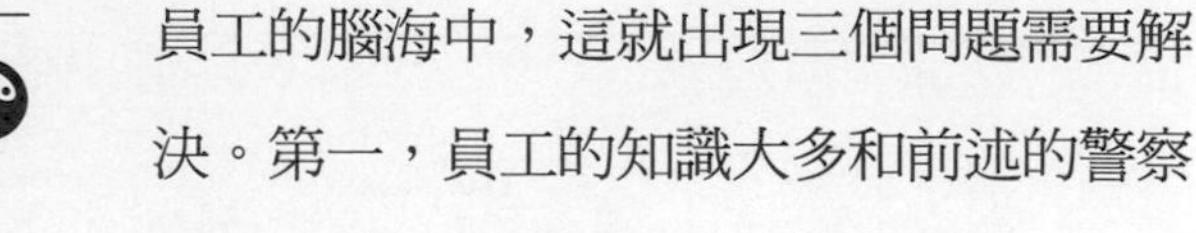

第二，就算公司想將員工知識明文化，員工並不希望分享知識。問題在於很多員工的價值，植基於他的知識，

如果被公司掏出來，其他人也學會後，自身的價值便會滑落，沒有經過知識管理的程序，員工不會心甘情願與其他人分享知識。在知識管理上，員工的個人目標、利益，和組織的利益是互相衝突的，所以需要管理，讓個人知識成為組織的知識。

知識管理的目的，就在於將隱性的知識，轉成顯性的知識。

第三，就算員工貢獻出知識，成為公司的智慧資產，有些還成為標準作業程序，然而下一步呢？員工會不會再精進其知識水準？繼續創造知識？因此公司需要進行知識管理，**將現有的知識，有系統的明文化，再與時俱進，創造新的知識，成為創造競爭優勢的價值。全面性的、有系統的、持續的、長期地將知識萃取出來，並加以編碼、分散、應用，形成知識管理。**因此知識需要管理，否則散漫無章、偶發式的百花齊放，無法將知識轉為價值。

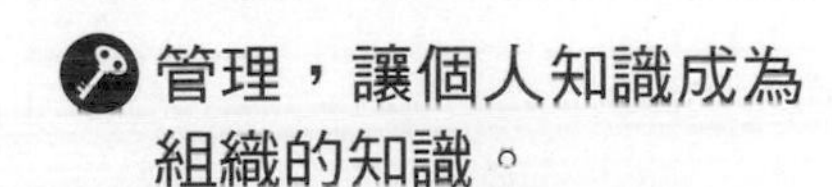

三、知識管理的流程和策略

知識管理的流程，如下頁圖8-1所示：

圖 8-1 知識管理的流程

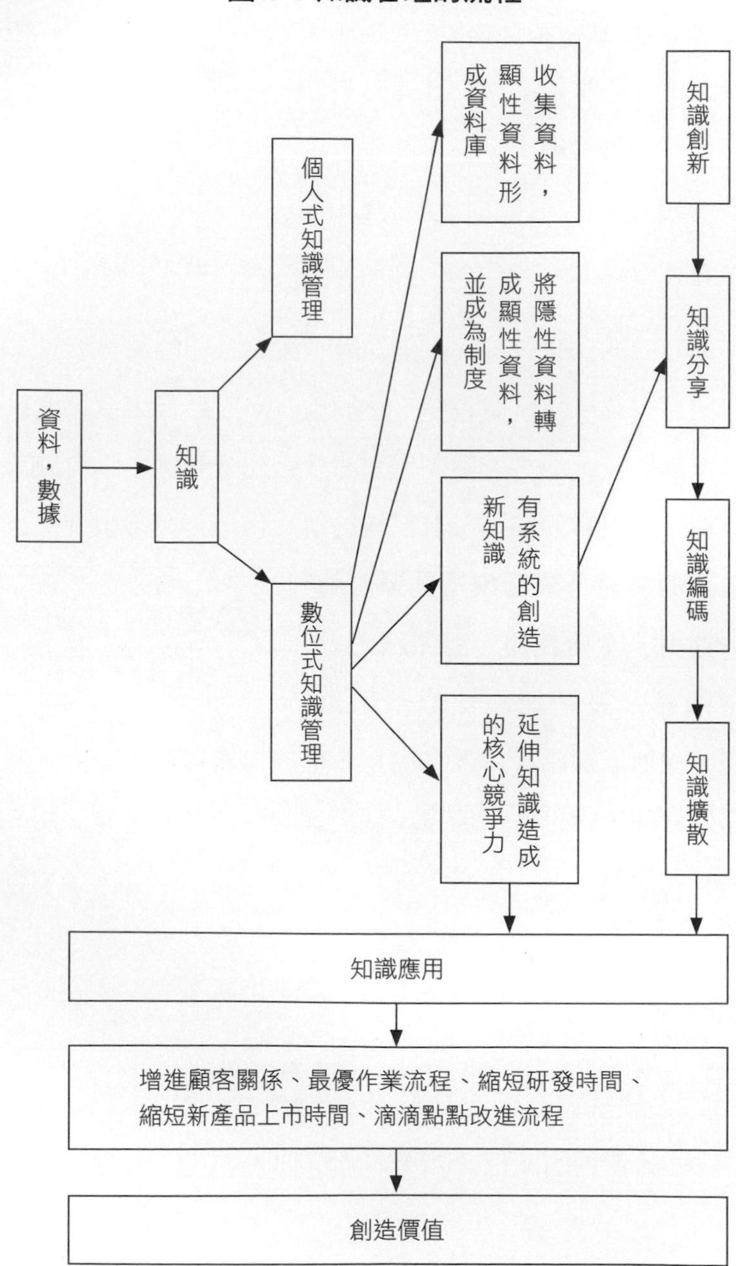
資料，數據
知識
個人式知識管理
數位式知識管理
收集資料，顯性資料形成資料庫
將隱性資料轉成顯性資料，並成為制度
有系統的創造新知識
延伸知識造成的核心競爭力
知識創新
知識分享
知識編碼
知識擴散
知識應用
增進顧客關係、最優作業流程、縮短研發時間、
縮短新產品上市時間、滴滴點點改進流程
創造價值

（1）首先，公司先將資料、數據轉成知識。知識和數據最大的不同是知識能夠解釋數據、資料，在特定環境的因果關係（causality）。例如，公司的離職率高，只是一份資料，能夠找出並解釋離職率高的原因，才構成有用的知識。

（2）有了知識之後，企業基本上有兩個知識管理策略，要視企業的性質而定。第一個知識管理策略是個人式策略（personalization strategy）；第二個策略是數位式策略（codification strategy）。

個人式策略指的是知識的傳播，以人對人的傳播為主。比如在顧問諮詢業，知識的複雜性和默會性極高，需要透過師徒制，以人對人的方式傳播知識；在大學的博士班裡，知識的傳播也是以師徒制為主。但在大學部的教育，結構性知識的傳播，可以採遠距教學的方式進行。

數位式策略是將知識編碼形成資料庫，利用內部網路，作為擴散的方式。

個人式的知識管理策略當然比較有效，但是影響面小，單位成本也高；數位式的知識管理，最大的優點是可以無限的複製，將知識廣泛傳播和應用擴散到組織的每一個角落。一般公司可以兩者並用，大約保持80／20的比例，20%的知識傳播，透過個人式策略；80%靠數位式策略。

個人式知識管理，並沒有系統性的做法，最近幾年，知識管理的重心在於如何利用公司內部的網路，進行知識管理。

數位式的知識管理可以根據複雜程度，分為四個層級。最簡單的知識管理是將顯性的知識，彙總在公司的網站，加以分類，再加上關鍵詞搜尋，這種顯性對顯性的知識管理，是最簡單的知識管理。

第二層的知識管理是將「隱性」的知識，轉成顯性的知識，再將顯性知識，轉成公司的制度。隱性知識轉成顯性的知識後，可以大量傳播，將公司的最佳實務（best practice）成為制度後，可以無限複製。從而加倍發揮知識管理的功效。轉化隱性知識的方法，最常見的做法是文件化。要求員工寫下所獲得的知識，或者可以利用專家與專家的對談，將對談的記錄寫下。

舉例而言，安捷倫（Angilant, 原惠普公司的測試部門）公司的一位銷售經理，匯集全球各地最佳業務員的知識，歸納出動輒數百萬美元，半導體測試設備的最佳銷售實務，編撰了一本銷售手冊。該手冊多達104頁的問卷，就算是菜鳥業務員，第一次接觸顧客時先填完這104頁的問題，填完後自然而然便會知道，該如何展開下一步的銷售活動。這一套銷售「程序」是公司銷售智慧的結晶，如果不經過知識管理的程序，偉大銷售人員的「直覺」，只能永存於銷售人員的腦海中，不可能被公司善加運用。

安捷倫的例子是用人工來整理隱性的知識，再加以明文化，發揮加乘的效果。事實上，台塑公司的管理也是將最佳實務明文化，成為制度後，再利用電腦監控、執行。和競爭者相比，最佳實務的優劣和多寡、系統化程度的深淺、推廣程度的高低，決定了企業的競爭優勢。

和競爭者相比，最佳實務的優劣和多寡、系統化程度的深淺、推廣程度的高低，決定了企業的競爭優勢。

只是將現有的知識制度化還不夠，企業必須與時俱進，第三層的知識管理是有系統的創造新知識，隨時將新知識，納入公司日常的作業。這牽涉到四個過程：知識創造、知識編碼、知識擴散、和知識應用。

第四，也是最高層次的知識管理是**將知識所創造的競爭優勢，變成核心競爭力，再加以延伸、應用到其他產業**。例如，聯邦快遞為了準時送達信件，必須培養精確的後勤能力，從後勤能力，再延伸到企業供應鏈管理和國際貿易服務。這個例子顯示，知識管理先從知識轉化成能力，再從能力到競爭優勢，再延伸競爭優勢到新事業發展，創造公司的價值。知識管理期望將知識無限複製，然後全面應用。

知識管理是有系統的創造新知識。

不同階層的知識管理，都可以發揮知識管理的功能，但效果最大的是有系統的創造新知識，這即牽涉到四個重要的管理程序：知識創造、知識編碼、知識擴散、和知識應用。

文件的妙用

國內有家筆記型電腦公司，在美國設有維修中心，維修中心維修的電腦，通常同一批送來維修的電腦，問題都大同小異，但工程師們不肯分享知識，加速維修，提高週轉率。於是維修中心的經理就提出，分享經驗即獎勵二十元美金的激勵方案，但效果不彰。因為如果分享知識，維修效率提高，公司會解雇冗員。

隨後，該中心經理改變做法，要求工程師必須寫下維修過程，再從維修記錄中，歸納出修理的最佳實務。但工程師們不是敷衍了事，就是語焉不詳。最後中心經理要求個人根據公司格式繕寫維修過程，將故障、故障原因、修理辦法、修理過程詳細記錄，再將每一批次的電腦維修記錄，加以比較，很快的就將故障和修護辦法連結，編撰成標準作業程序，要求各工程師比照辦理。

這是利用文件，將隱性的知識轉成顯性知識的案例。其實，東、西方管理的差異在於對於文件的重視程度不同。西方管理比較重視撰寫報告，當有人離職，知識還可以留下來。東方管理不重視文件管理，人亡政息，知識無法延續。

系統化創造知識的管理程序

1. 知識創造

知識管理的過程是先創造新知，新知的創造，可來自於組織內部或外部。

組織內部新知識最大的來源是邊做邊學（learning by doing）。企業天天都在運作，如果員工用心思考如何改進作業，在全體動員的情況下，新知識的創造非常可觀。日本企業「有系統的」創造新的知識，發展更好的最佳實務。比如利用建議制度，不斷改進流程。

日本豐田汽車生產線的員工，可以隨時將生產線上的問題，紀錄到全公司可以看到的看板（kanban）上。員工可以藉此集思廣益，幫助員工解決現場的問題，依同樣的制度，也可以將個人的工作心得，隨時輸入看板，分享給其他人。

累積最佳實務是知識管理的重要結果。

台積電的成功，植基於知識管理，創造出最佳實務。台積電製造的晶圓，要經過兩百多個生產程序，每個生產程序的設備都有數百個參數，產品不同，製程也不同。如何在不同的製程下，微調設備的參數，達到最佳化，增加良率，就是台積電累積的競爭優勢。微調最佳化達到後，必須寫成文件存檔，日後提供其他廠區的同仁使用。十幾年下來，台積電累積了許多不同產品製程的最佳實務，平均良率到達95%，成為競爭者模仿的障礙。當然，研究發展也是創造新知的良方。

外部知識的來源很多，標竿競爭（benchmarking）可以藉助其他行業的經驗，發展出最佳實務。比如，加油站的作業，就是向賽車的選手學習。因為賽車時，一分一秒都很寶貴，加油、保養、換輪胎的動作，一定是頂尖專業的做法，模仿下來，可以節省顧客的時間；再如，公司的倉儲作業，應該和每天進出數十萬件的郵購公司學習；此外，客戶會提供新產品的主意，供應商也是新知識的來源。豐田便利用供應商創造新知，創造出最佳的品質和生產力。

知識的創造，固然可由組織內部產生，但亦可從外部供應商及買主獲得。豐田汽車有系統地將零件供應商所產生的新知識加以擷取，再擴散到其他供應商，增加豐田系統的整體競爭力。豐田汽車首先組成供應商協會，只有願意和其他供應商分享最佳實務的廠商，才能加入。加入之後，必須將工廠開放給其他的廠商參觀，並且透過每個月的會議，分享各公司的新作法；其次豐田汽車有60位現場工程顧問師，派駐各供應商，協助供應商解決問題，發展最佳實務做法。60位顧問會定期加以輪調，使最佳實務迅速擴散；第三，豐田汽車將供應商組成共同學習小組，迅速在各供應商中，輪流見習，以刺激發展各供應商間的新知識；第四，豐田汽車投資於各供應商，並在供應商的董事會佔有一個席位，再將豐田汽車所屬的董事輪調，使新知識得以交流。換言之，豐田汽車利用各種機制，使供應商和豐田汽車集體創造新知、擴散新知，成為網路組織式的學習。

但如何持續不斷的創造新知是知識管理的一大挑戰。因為大多數的員工，都習慣於做相同的事情，視創造新知為畏途。如果新方式成功，當然會受到全公司的重視；但若新方法失敗，大多數的公司會處罰員工，因此在「多一事不如少一事」的心態下，員工自然怠於創造新知，將創造新知的責任，全部推卸給研發部門，知識管理將無法起步。這就有賴公司的文化和制度來獎勵新知的誕生。

2. 知識分享

新知創造後，依舊存在於個人的腦海裏。如果純屬「私釀」，對公司的價值貢獻有限，公司應該鼓勵員工將新知識納入「公田」。諾基亞的知識管理，特別強調分享失敗的經驗，在分享的過程中，希望同仁不要重蹈覆轍。

但員工認為，自身之知識即是個人立足職場的價值，如果和他人分享，會減低自身的價值，因此有太多不願和同僚分享的情形，必須要經過管理的程序，將知識分享出來。

3. 分類編碼

知識管理的第三個步驟是將創新的知識分類編碼（codification）。分類編碼是知識管理必備的要件，唯有加以分類編碼，才可能將知識轉成資料庫，供企業全體查詢，以加速知識的擴散。知識分類編碼的挑戰是如果分得太細、太瑣碎，則不利於未來新知識的歸類；但若分得太寬，又不利於檢索，粗細之間殊難掌握。此外，許多知識並沒有經過整理精煉，只是一些簡單的概念，是否要收入知識庫也是值得商榷的問題。一般公司採取二分法，將知識庫分為普通的知識庫和專精的知識庫。一般簡單的知識，如台北盆地何處泡湯最好，並不是專業的知識，則歸入普通的知識庫。但如果是公司發展出的最佳實務，則須經過比較嚴謹的審批過程，成為公司的作業準則。

知識庫固然可以儲存知識，但知識也在員工身上，因此公司可以建立以人才為主的知識庫，將公司的專家分門別類，根據專長編成小冊子，類似黃頁的電話簿，稱為「人才黃頁」（expert yellowpage）。員工可以根據個人專長，找到正確的人做諮詢。專家10分鐘的諮詢，大概抵得上非專家一天的工作量。人才黃頁成為知識編碼的另一種做法。

4. 擴散新知

知識管理的第四步驟是擴散新知識。知識管理之所以可貴，就在於能夠利用網路，將知識擴散到公司的每一個角落。擴散速度比以往的文件式做法不知快上多少倍。成為明文化知識後，所有需要知識來解決問題的員工，都可以在公司的知識庫裏，找到需要的知識。

5. 知識應用

就算建構了新知識、準備了知識庫，如果員工在工作上，不利用也徒勞無功。因此知識管理，必須要建立誘因機制，讓員工願意使用所建構的知識庫。

以上談到的知識創造→分享→編碼→擴散→應用五個知識管理過程，必須在組織結構及文化下運作，因此知識管理最大的挑戰是知識管理的基礎建設（infrastructure），包括組織結構的配合及配套的誘因機制。

知識管理的基礎建設

知識管理事實上是違反人性的管理，因為公司要員工將可能傷及個人價值的知識貢獻出來給其他人，並不符合人類追求私利的天性。所以「管理」的工夫很重要。知識管理的基礎建設，除了資料庫、內部網路、分享應用的軟體外，最重要的包括組織結構、文化和誘因結構。這些「軟資產」，比程式、電腦對知識管理成敗的影響更大。

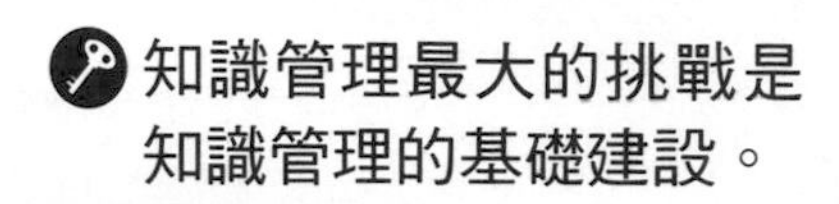
知識管理最大的挑戰是知識管理的基礎建設。

1. 知識管理的組織結構

要進行知識管理，在組織上，要先建立共同專業的團體（communities）。比如公司行銷人員，彼此有共同的興趣，也比較願意分享及運用新的行銷知識。全球進行電子商務的人員，也可以組成專業團體。例如，麥肯錫顧問公司即以產業（如銀行、高科技、能源等）和管理功能（財務、行銷）作為專家團體，再從專家團體中任命所謂的知識經理（knowledge manager），由知識經理負責該領域中的知識創造→分享→編碼→擴散的程序。麥肯錫公司的知識經理負責匯總各方訊息，再根據層級，將不同訊息、知識分配到組織的相關人員，以利其使用。而在公司最高層，則安排知識長（Chief Knowledge Officer, CKO）的職位。由CKO統籌規劃全公司知識管理的架構，及推行知識管理的策略。

知識經理除了架構資料庫外，還必須主動推銷知識管理的成果。例如，票選最佳文章、建立討論區，討論新進入的文章、主動將票選的文章以電子郵件傳送給各專業團體成員。換言之，知識經理的主要責任就在經營一個以專業領域為主的虛擬社群，其主要目的是滿足各成員對知識的需求。

從知識管理的觀點，跨國企業總部的角色要從發號師令的Headquarter，變成知識成為血液的Heartquarter。總部或總管理處成為各地（子公司）創造知識的總部，在總部彙總、過濾、分析，再分送到各公司去。例如鼎泰豐的菜色有些就是由其他地區的分公司發展出來的，紅油黃瓜的小菜是上海分店開發出來的。雞肉小包是不吃豬肉的印尼分公司開發的，蝦仁鍋貼是日本分公司的獨特產品，這些新品再經由總公司擴散全球。

跨國企業總部的角色要從發號師令的Headquarter，變成知識成為血液的Heartquarter。

2. 創造適合知識管理的文化

知識管理的精神在於知識分享。因此建立分享的文化是推動知識管理的基礎。如果組織文化創造出無形的力量，使員工願意主動分享知識，知識管理就成功了一半，但這種文化的建立，不是一朝一夕可以達成的，必須倚靠組織領導人長期的推動。

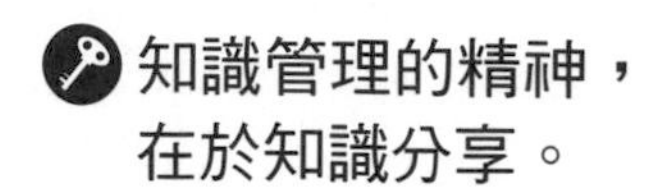

全球最大的顧問公司麥肯錫（McKinsey）分享的文化植基於「公司為一體」（One Firm）的文化。在公司為一體的信念下，員工追求公司整體的利益，而非個人或部門的利益。為了建構這種文化，麥肯錫從雇用員工開始，由公司統一雇用員工，再予以分發給各部門，而不是由各部門分別雇用。員工進入公司是進入麥肯錫，而不是麥肯錫的華盛頓分公司；其次，獎酬制度上，設計以公司整體利益為主的分紅制度。例如，台灣分公司的年底分紅是以大中國區的利潤為標準，而不是只看台灣區的利潤。再者，公司建立的做事方法，也是以「公司一體」為標準。比如，同事有事相問，留電或傳真，一定要在24小時內回話。這些約定俗成的做事方法，看似微不足道，但日積月累，卻足以建立起公司文化。

3. 知識管理的誘因機制

知識管理最根本和最嚴重的問題在於誘因機制。組織內如何建立誘因機制，使員工願意創造知識、分享知識、應用知識，是知識管理上最重要的一環。

知識管理和傳統管理不同。傳統的管理，老闆高高在上，經常營造各部門間的競爭，部門為了爭取晉升的機會，會傾全力表現，但也拼得你死我活，老闆再憑優勝劣敗，晉升贏家。但從知識管理的觀點，要分享知識，就必須建立部門間合作的氛圍，「不要」建立部門間的鬥爭，在鬥爭的環境下，員工是不會分享新知的。

要建立分享的文化，獎勵應該以團體績效為主。以團體績效作為分發獎金的基礎，會鼓勵各部門合作分享知識。以德州儀器為例，德州儀器晶圓廠的獎金，以往是採個別晶圓廠的績效，和其他晶圓廠的相對比較來決定。但晶圓製造的製程複雜，微調不易，必須集思廣益，一滴一點改進良率。而在各廠互相競爭下，彼此不會分享製程改善的結果。德州儀器於是改變方式，以所有晶圓廠的平均績效，作為分發獎金的標準。

要建立分享的文化，獎勵應該以團體績效為主。

改變以團體績效為獎勵標準後，各廠分享製程改善的方式，6個月內，至少節省了1億美金。

除了團體為主的獎勵辦法外，國外公司將知識分享，列為管理人員重要的考核項目，在進行三百六十度員工考核的制度下，人事部門會問你的上司、同僚、下屬，評估你這一年中知識創造和知識分享的程度。有的高科技公司將知識管理的成績，佔年終考核總成績的四分之一。日積月累下來，知識管理會從外在的獎賞（extrinsic reward），變成內在的獎賞，最後轉化成行為的一部份，自然而然就會創造和分享知識。

其實最好的誘因機制是建立內部「知識市場」。知識雖然有價值，但很難在市場上交易。買方因為知識不足而購買，卻不知道要買什麼樣的知識，當然也不知如何評價知識，在市場上交易的風險高，因此會要求賣方提供完全的訊息；但從賣方而言，知識一曝光就一文不值，因此知識的市場不容易形成。但如果在公司內，建立市場機制，讓貢獻知識的人得到報酬，知識的創造、分享和應用，可以自然形成。

舉例而言，在大型的管理顧問公司，知識市場可以形成，管理顧問的收入，靠的是鐘點費（billing hours），收入的多寡靠案件的多寡來決定。要增加收入就要靠顧問自己的名聲，靠其他顧問，將其納入顧問計畫，而為了要吸引其他顧問的注意，管理顧問必須將他所得的新知識，發佈在公司知識管理的系統中，提供其他的計畫主持人參考。如果專長符合，可以增加billing hours。換言之，知識的創造和分享，和管理顧問的收入有直接的關係，因此可以形成知識交換的市場，知識創造和分享的情形比較容易達成。

執行知識管理的障礙

執行知識管理要建立公司分享的文化、知識管理的組織、設計管理制度，再加上配套的硬體和軟體設備，似乎就水到渠成。事實上，國內知識管理成功的公司不多，理由不一而足。最主要的是知識管理的文化和現有的文化衝突，無法化解各部門競爭的心結；其次，野心太大，一開始就要全面推行知識管理，在尚未看出知識管理的功效時，很難成功。應該要先從公司重要的管理程序開始。比如自來水公司的漏水檢測程序、保險公司的理賠程序、化工公司的鍋爐管理等，開始進行知識管理。有了成效後，再推廣到其他管理程序。

知識管理事實上是違反人性的管理。

四、結論

過去數十年來，競爭的核心從生產、成本、品質、時間、國際化、資訊化，轉變到以知識為主的競爭。管理人員不僅要知曉生產流程最適化、降低成本、六個標準差的品管、壓縮產品開發時間、在全球市場上競爭、還要進行知識管理的工作。這是因為其他公司，早已學會舊的競爭技術，視為理所當然。目前組織內的知識管理的過程會決定公司的長期競爭優勢。但知識管理不是隨性的做法，看到一本好書就和全公司分享，而是長期、有系統的，將隱性知識變成顯性知識，再加上新知的創造→分享→編碼→擴散→應用。過程中的用心，才能作好。

圍棋的段數有九段，如果將組織的管理能力，比照圍棋一樣來分段，會做知識管理的公司，大概是九段的公司，因為知識管理從文化、組織結構、到軟、硬體的構建，必須環環相扣、面面俱到，才能將知識變成公司的核心競爭力，適應未來的競爭。

本章精論

1. 知識股打敗了資產股。
2. 知識經濟就是將知識轉換成經濟。
3. 財富的創造繫於如何創造及運用知識。
4. 關鍵成功的因素在競爭者競相投入後，即成為關鍵存活因素。
5. 以團體為主的知識管理制度，是最好的持久性競爭優勢。
6. 知識經常是隱性和默會的。
7. 知識需要管理。
8. 知識可以重複製造，創造價值。
9. 知識管理的目的，就在於將隱性的知識，轉成顯性的知識。
10. 管理，讓個人知識成為組織的知識。

11. 和競爭者相比，最佳實務的優劣和多寡、系統化程度的深淺、推廣程度的高低，決定了企業的競爭優勢。

12. 知識管理是有系統的創造新知識。

13. 累積最佳實務是知識管理的重要結果。

14. 知識管理最大的挑戰是知識管理的基礎建設。

15. 跨國企業總部的角色要從發號師令的Headquarter，變成知識成為血液的Heartquarter。

16. 知識管理的精神，在於知識分享。

17. 要建立分享的文化，獎勵應該以團體績效為主。

18. 知識管理事實上是違反人性的管理。

策略精論

進階篇

第九章

策略執行力

一. 執行力的重要

二. 策略的執行

三. 執行力和組織程序

四. 執行力的文化

五. 策略與執行力

* IBM策略決定組織結構
* GE的CEO流程
* 豐田汽車的執行力文化

《基礎篇》和本書前幾章介紹公司策略，可以知道公司的策略有極多的選擇，每個公司視其競爭生態和自身的能力，來決定最適合的策略。從競爭策略、進入阻絕策略、多角化策略、垂直整合策略、購併策略、國際化策略等等，不一而足。但大多數的CEO，大概只花1%的時間，思考公司的願景（vision）；10%的時間構思決定策略；大多數的時間，90%的時間，在執行策略。構思願景、策略是屬於思維方面的心智活動。但策略的執行力，以往被認為是想當然爾的事，公司應該會自然而然做到。直到近年，執行力的重要性，才受到大眾的矚目與重視。但為什麼到最近才被重視？

一、執行力的重要

管理學領域裡有琳瑯滿目的理論，教導管理人員如何制定策略、如何進行組織變遷、如何選才、育才、留才、如何做資本預算、如何如何……。可是，該如何執行這些想法，往往被視為理所當然，未曾有人加以深入探討。因此，管理學院培養出一大堆的thinkers，雖然足以成為優秀的幕僚人才。然而，要擔任高階經理，僅僅是個thinker並不夠，還要是能做事的doer。

換言之，策略要創造差異化是make a difference，而執行力能make it happen，二者不可或缺。二者孰輕孰重？根據筆者的觀察，一家企業的成功，30%靠策略，40%靠執行力，其他30%呢？或許是運氣。但我們知道策略錯誤，執行力再強也無法回天，所以策略的重要性，還是高於執行力，而且策略的決策先於執行的決策，策略決定大方向及「潛在」利潤的高低，但執行決定實際實現的利潤。

企業的成功，30%靠策略，40%靠執行力，其他30%呢？或許是運氣。

執行力到底重不重要？我們看到滿街的便利商店，只有7-11一枝獨秀；滿街的咖啡店，只有星巴克（Starbucks）高朋滿座。各家便利商店和咖啡店，策略上大同小異，但績效卻迥然相異，道理何在？關鍵便在於執行力的強弱！

雖然許多企業的成功，歸功於策略的創新、新的經營模式創造出和競爭對手之間的差距，但若執行力不夠，一定會被模仿者追上。台積電即是以執行力遙遙領先競爭對手的例子。晶圓代工是偉大的策略創新，但競爭者亦步亦趨。競爭的重點不再是經營模式的良窳，而是生產良率的高低，以及奈米製程的領先。就像6個標準差的運動一樣，良率的改善靠的是涓滴的累積，日久見真章。誰都知道要增加良率，但和競爭者的差距就在執行力的高下。

國外的例子亦層見疊出，全錄（Xerox）公司便是因為缺乏執行力而鎩羽。全錄面臨日本公司的競爭，績效不佳，亟思以新的經營模式藉以轉型，在策略轉折點上，選擇了和IBM一樣的策略。IBM轉型成為提供公司資訊部門，完整解決方案（total solution provider）的資訊公司；全錄的新策略是提供顧客「文件」的完整解決方案。

全錄將IBM的財務長挖角過來，擔任執行長。為了節省成本，把90個管理中心（處理會計帳務、出單、服務安排）合併成為4個，再重組3萬人的銷售隊伍，由地理區域為中心的銷售組織，改成以產業為中心，目的是為了提供顧客更好的服務和解決方案。但新的全錄公司卻沒有考慮到當時組織的執行能力，無能執行這些先進的策略，最後終以失敗告終。

國外以執行力而成功的例子，最負盛名的是沃爾瑪百貨（Wal-Mart）。百貨業在美國，早已是成熟的產業，依照波特的五力分析可說是無利可圖的產業。但是，沃爾瑪百貨的創辦人華頓（Sam Walton）一開始從鄉村包圍城市，一點一滴累積和競爭者之間的差距。比方因偷竊造成的損失，沃爾瑪百貨就較競爭者，少了一個百分點，這樣的成效，對3%的淨利而言，實在貢獻良多，這就是執行力具體的表現。

除此之外，沃爾瑪百貨還利用集中發貨倉庫，減少每週商品促銷而提供每天低價商品，還有全國衛星連線的管理資訊系統等等。沃爾瑪百貨以看似平淡無奇的管理手法，小兵立大功，創造出全球最大的百貨公司，在過去40年，沒有任何一家公司能成功模仿沃爾瑪百貨。沃爾瑪百貨的成功之道無他，唯善用執行力，點點滴滴累積出競爭的優勢而已。

策略容易模仿，執行力卻極難仿效。

從沃爾瑪百貨的個案可以說明，策略容易模仿，執行力卻極難仿效。就算策略略遜一籌，還可以請管理顧問公司來幫忙把脈，提點個好策略，但通常都是管理顧問公司的策略不錯，但客戶公司的執行力不足。

有的公司認為，寧可要「三流的策略」、「一流的執行力」，也不要「一流的策略」、「三流的執行力」。但這樣的說法實有商榷的餘地。事實上，策略沒有所謂一流、三流之分。策略一定是外在環境和內在條件相結合的產物，而執行力是策略形成的重要限制，內在條件不佳，策略的選擇也有限，所謂一流的策略，必定是可以執行的策略，否則就稱不上「一流」的策略。

鴻海科技集團的策略，就是「紅海」策略。直接進入競爭激烈，血流成河的領域（這是所謂的「紅海」策略，有別於避開競爭的「藍海」策略）。鴻海科技靠著優異的執行力，達到「赤字接單，黑字出貨」；豐田汽車的策略也很簡單：製造高品質、低成本的汽車。但是公司上上下下，有一套獨特的管理哲學和執行力，在競爭激烈的汽車業，才能夠獨樹一幟。

許多公司的失敗，常可歸因於執行力不佳，策略、願景一籮筐，卻光說不練，通通流於「口號管理」。這些公司沒有將策略、願景落實到目標、戰術上，也未能將目標、執行方法列出里程碑，然後根據達到的程度，訂定具體的賞罰標準。也因此往往產生了「組織末梢神經痲痹症」的現象。畢竟，帝力於我何有哉！愈到基層，公司策略愈無關痛癢。每每公司整頓，只見高層經理走馬換將，正所謂的「流水的官」；反倒是基層人員不動如山，無異是「鐵打的兵」。低層人員在公司整頓時，腰身一低，鋒頭過了，又是好漢一條，事後依然我行我素，這些現象就是執行力落敗的表徵。

二、策略的執行（Strategy Implementation）

公司形成策略後，下一步就是執行。策略的執行要經過下列幾個步驟：首先，要建立策略行動系統；其次，再建立能執行策略的組織結構；其三，建立以流程為主的組織，架構組織能力；其四，培養執行力的文化；最後，在執行力文化下，用人事流程來培養能執行策略的人才。

1. 建立策略行動系統（見《基礎篇》第二章）；形成公司策略是執行的第一步，如果策略錯誤，執行得越徹底，越沒有挽回的空間，所以策略正確是成功的第一要件。有了策略以後，必須要靠策略行動系統來落實策略。不同的公司雖然有相同的策略，但不同的策略行動系統會導致不同的效果。比如PC的銷售，直銷公司比比皆是，只有戴爾電腦結合直銷，加上客製化的接單生產（Build To Order）以及內建自動化生產和資訊系統，才締造出戴爾的成功。

2. 建立組織結構，執行策略：策略和組織間的關係密切，只靠組織結構的調整，固然無法創造競爭優勢，但組織結構和策略的不相容，一定會造成績效不佳。

組織和策略的關係是： 
策略決定組織結構。

例如宏碁電腦的策略是兼做代工和品牌PC，如果兩者放到一個組織結構下，一定造成衝突，所以只有分家一途。由此可見，組織和策略的關係是：策略決定組織結構（structure follows strategy）。IBM在90年代遇到的困境，可以說明策略如何決定組織結構。

IBM 策略決定組織結構

IBM延續60年代的優勢到70年代，策略是提供員工最好的福利和薪水、雇用最優秀的應屆畢業學生、發展獨特的企業文化、發展尖端的技術、垂直整合，自製率高、利用獨家技術，推出產品，包括複印機、印表機等辦公室機器，毛利高達70%。

到了80年代，IBM仍然繼續成長，成為全世界市值（股價乘股數）最高的公司。銷售額從1980年的260億美元，到1988年的6百億美元。獲利也從35億美元到

55億美元，全球有40萬員工。1980年代初期，筆者在麻省理工學院（MIT）唸書時，碰到IBM的高階主管，他洋洋得意地說：到2000年，全世界都要變成藍色統治（IBM商標為藍色，The world will become blue by year 2000）。當時，**IBM的垂直策略造就了功能式的組織**。

但電腦業的競爭生態，卻在IBM PC的衝擊下改變。PC將計算能力賦予給個人，公司員工寧願用PC，而不願意用公司的大型電腦。PC在1980年代，每年以74%的複合成長率成長。到1990年，PC產業已經成為年銷售額2千億美元的產業。除了PC外，工作站（work stattion）等小型電腦的運算速度越來越快（每3年加快4倍），價格也越來越便宜，使用大型電腦的機會則相形見拙，對IBM的主機電腦是不小的打擊。

中、小型電腦的普及，造成企業資訊系統走向分散式（distributed computing）計算。電腦的購買決定權不在總公司的資訊部門，而是實際使用的各部門。各部門根據自身的需求，決定硬體和軟體的規格。而且硬體廠商均採取開放式系統設計，硬體可以搭配不同公司的軟體以及附屬設備。如此一來，電腦相關的需求，已經不需要委由IBM統包。電腦產業從垂直整合到垂直分工，公司的資訊部門為了降低成本，自行購買軟、硬體。

電腦業從垂直整合成為垂直分工的產業，降低進入障礙，年輕有技術的創業家紛紛投入市場自行創業，攻佔利基市場。例如昇陽（Sun Microsystem）、康百克（Compaq）等進入市場，都「不需」垂直整合，能外包就外包，很快就可以推出新產品，而且快速將價格降低。硬體的價格降低，造成軟體和服務的急劇成長，到了1988年，資訊部門的預算，只有57%是購買硬體設備。到1994年，硬體預算降到47%。

1988年，IBM的硬體收入佔全公司收入的71%，而且大多數是來自主機電腦。IBM在PC和工作站市場，推出的產品過於緩慢，沒有競爭力，加上不同產品，在不同時期發展，已和IBM主機不相容。

IBM在1986年就知道這些問題，開始進行變革。為了維持終生雇用制，不裁員，鼓勵員工提早退休，或將員工調職，不願意調職的就會自動離開。那時IBM三個字，相當於「I've Been Moved」（我被調職了）。IBM重新調整組織，創造更分權的架構，希望能以更快的速度推出新產品，於是推動全公司的品管運動，和全世界重要公司做策略聯盟。1990年就有75個策略聯盟的締結，例如，和西門子發展DRAM，與東芝合作發展液晶螢幕等等。

1990年，IBM銷售額增加到690億美元，利潤60億，是全球獲利第二高的公司。

1991年電腦市場進入盤整期，IBM 經歷了40年來最慘重的虧損，收入下降50億，為640億，虧損達28億美元，CEO艾克斯（John F. Akers）忍不住在經營會議上，大罵員工不知公司危如累卵，改革不夠快，若再不改革，就要他們捲鋪蓋回家。這條新聞，第二天登上了報紙，傳遍全公司。

IBM像是一隻臃腫的大象，在不同的市場區隔，要和不同的競爭者競爭，好像有一群野狼，伺機圍攻分食這隻大象，大象看似有能力將任何一隻野狼踩死，但動作緩慢、窮於應付，只有挨打的份。

1991年11月，艾克斯認為，市場流行的是開放式系統設計、分散式運算，客戶分別購買軟、硬體，IBM沒有必要維持一個大而無當的公司，決定將IBM這隻大象解體成8隻小象，每隻小象就是一個事業部，自行負責產品發展、盈虧。例如有主機、資料庫、工作站、硬碟機等事業部，還打算將各事業部獨立，成立子公司上市。華爾街的投資銀行早已摩拳擦掌，準備接IBM子公司上市的業務；廣告公司也將每個子公司的名字、企業識別標誌設計好，只等艾克斯一聲令下，立刻推出8個新的小IBM。**新垂直分工的策略引導出獨立子公司的組織架構。**

隔年，1992年IBM的情況更糟，銷售持平，虧損到達50億美元。1993年1月，IBM董事會決定開始物色新的CEO。這一年IBM慘虧80億美元，創下美國公司虧損的記錄。

1993年4月，IBM董事會任命葛斯納（Louis Gerstner）擔任IBM的CEO。葛斯納擁有哈佛MBA學位，曾擔任麥肯錫公司顧問、美國運通及納貝斯克食品公司（Nabisco）總經理，沒有涉足高科技公司的經驗。當初鮮少人看好葛斯納這位執行長，不認為他可以駕馭IBM這隻科技巨獸。股票市場普遍認為，沒有科技背景不可能管理高科技公司，甚至傳言：「賣餅乾的，怎麼會賣大型電腦？」

如果你是葛斯納，你會繼續執行艾克斯的重組計畫嗎？如何將IBM轉虧為盈？

葛斯納上任後，立即採取教科書上典型組織轉型的做法：震撼療法（shock therapy）。先大幅更換高階主管，再厲行降低成本策略，一口氣裁員4萬人，不到一年的時間，IBM的成本下降了120億美元，第二年即轉危為安，開始獲利。

組織改造後，接著就是策略轉型，重新定位。葛斯納認為，IBM不能再以電腦硬體公司自居，而應該提供顧客完整解決方案。因為要整合全公司的力量來服務資訊部門。葛斯納停掉艾克斯當年將IBM拆分成8個子公司的做法，他認為IBM之所以還能在市場上保持優勢是IBM的品牌，和IBM無懈可擊的主機電腦的地位，如果將IBM拆分，8個小IBM在任何的市場上，都不會有競爭力。因此IBM的策略，應該設定成以主機為主的完整解決方案供應商。組織結構上，必須要維持總公司的形態，策略改變，但組織也會隨之改變。

IBM的策略設定成以主機為主的完整解決方案供應商。組織結構上，必須要維持總公司的形態。

從IBM的個案，可以看出組織結構要由策略決定。如果IBM的策略是分頭作戰，組織上當然應該分割，形成事業部的組織。但IBM採取的策略是以主機為基礎的完整解決方案商，組織上就要力求完整，增加各部門間的協調，才能發揮統合協同的效果。鴻海是電子製造服務（Electronic Manufacturing Service, EMS）公司，組織採取以顧客為主的事業部，每個事業部面對一個大客戶。專門替客戶服務著想，這是其他EMS公司做不到的，組織結構是鴻海成功的因素之一。

要了解策略和組織結構的主從關係，要先介紹組織結構的分類。

組織結構的分類

組織的目的在於透過分工和整合，使得工作更有效率。如何分工和整合是組織結構最重要的決策。影響組織結構的因素很多，本書僅介紹和策略有關的組織結構。

組織結構的設計就在於如何分工和整合。

為了要執行策略，必須要先劃分業務，也就是分工。基本上，組織結構可以分成三種主要的型態：功能式（functional structure）、事業部式（divisional structure）、以及矩陣式（matrix）。

第一、功能式的組織由各管理功能部門（functional departments）所組成。功能性的部門，就是生產管理、行銷管理、人事管理、研發管理、財務管理，簡稱「產銷人發財」的五管。再由各部門控制各產品。功能式組織的主要缺點是不容易量度績效。當公司業績下滑，不知是產品研發不良、還是生產成本太高、或是行銷不力所致；其次，由於部門間的協調過多，當外在環境產生變遷時，反應過慢。

第二、在事業部式的組織下，各事業部擁有獨立、自給自足的生產、行銷系統，並不需要其它事業部的支持，稱為SBU（Strategic Business Unit）。事業部式組織的優點在於：

（1）能提高財務控制的能力，由於獨立自主，容易量度績效。

（2）成長容易。和功能性結構相比，事業部式的組織，比較容易進入新產業，而不影響現有的組織結構。

（3）事業部式組織策略的目標明確，容易和公司策略互相配合。而且事業部的組織，比較容易培養獨當一面的高階管理人才。

第三、矩陣式的組織，在70年代蔚為風行。在這種組織結構下，組織成員受命於兩個主管：一個是功能部門的主管，另外一個是計劃主管。矩陣式組織最大的好處在於彈性運用人員，不受到原有組織結構的控制。比如，發展新產品的編組，可以隨著計劃的需求，而派不同功能部門的人員，進入新產品發展小組。而且計劃小組可以隨時成立，也可隨時解散，在瞬息萬變的高科技產業，常常被應用。但矩陣組織的缺點也不少：（1）成本高昂、

（2）績效不容易衡量、（3）人員向心力不夠。由於計劃完成後，仍回到原編制單位，員工的向心力會以原單位為主。因此矩陣組織適用於計畫編組。偶一為之可以，不能把整個公司的組織，轉換成矩陣組織。

分工之後的重要工作就是整合，如果組織內部各單位間不需要協調，也不存在綜效，整合殊無必要，綜效愈高，協調整合的方式也愈複雜。整合的機制（integration mechanisms）有許多種，最容易的是透過組織權責來整合；複雜一點的是用常設委員會的機制來整合；最複雜的是設置專門整合的部門。比如，在大型企業通常會運用總管理處，來整合各事業部的策略及營運。尤其是關聯性多角化的企業，由於綜效較高，總管理處人員編制多，功能也強，例如台塑集團事業體龐大，設立總管理處，將旗下各公司和事業部的財務集中，併協調各公司的策略、產品、產能、和作業的標準化等等。成立以來，成效斐然。

多角化公司應該採用事業部的組織和以總管理處進行整合。

策略與組織結構的關係

組織追隨策略，對於多角化的公司組織，要和多角化的策略互相配合。一般公司成立初期，生產單一產品，生產、行銷、財務、研發需要彼此協調，因此多採取功能性的組織。但是日後公司會進行多角化或垂直整合。研究顯示，多角化後公司應該採取事業部的組織。

多角化策略造成事業部的組織形態，有三個重要原因：首先，當公司進行多角化，進入新事業時，面對不同的顧客、不同的供應商，生產也在不同的地點，如果依舊採取功能性的組織，產品A的行銷活動，要和新產品的行銷活動共享資源、共同協調，當產品數目增加時，協調成本過高，不如劃分成事業部的組織，減少協調成本。

其次，從資源分配的角度，事業部的組織等於在公司內部形成小型的資本市場，事業部彼此競爭資源的分配，就如同上市公司，爭取投資者的資金，但公司比資本市場更有效率。資本市場的投資者對各公司的經營，都有資訊不對稱（information asymmetry）的情形，但公司對於各事業部的經營，不但瞭若指掌，而且有絕對的控制權。

因此，公司可以利用資本市場的機能，將公司的資源做最佳的分配。

第三，不同產品隸屬不同的事業部，不僅事權統一，而且責任明確劃分，不像功能性的組織，無法釐清績效的歸屬。當績效不佳時，行銷會說「產品設計不良」、研發會說「生產單位不配合修改設計」、生產部門又推說「財務部門不肯投資新設備」。在這種狀態下，產品的品質自然有問題，各自推諉的結果，責任無法歸屬。但在事業部的組織就由事業部經理負全責。因此**多角化的策略，會造成事業部的組織**，這就是策略決定組織結構的意義。

對於高度多角化的跨國公司而言，組織問題更為複雜。一方面要顧到地域的差異；一方面又要考慮全球的協調。多角化公司開始國際化時，通常是以外銷方式進行國際化，最常用的組織結構是國際事業部。由國際事業部負責所有的外銷或國外子公司的營運。隨著國際事業部的擴大，通常需要對外投資或成立合資企業。此時通常採用的組織是地區式的組織結構。除了北美地區外，還成立亞洲、歐洲總部，由各區總部負責區域內的業務。

如果公司採取的是兼顧各地差異化的策略，由各地分公司在當地負責完成產品的價值鏈，從生產到行銷一氣呵成，地區式的組織結構，當然較容易符合公司的策略。但對於多角化的多國公司而言，地域性的組織結構缺乏全球的協調性，經常各行其是，造成產品的種類眾多，公司全球形象各異其趣，而且當地子公司的目標，和總公司不見得相合。比如台灣子公司，只想要達到銷售和利潤目標，在眾多母公司的產品中，只找適合當地的產品銷售，而枉顧公司的全球整體策略。

因此多國多角化公司，為了實現全球的規模經濟，全球事業部（Global SBU）的組織結構應運而生。對於多角化的跨國企業，全球事業部比較能執行全球策略，但仍須靠文化來協調各全球事業部的活動。

策略是企業發展的最高指導原則，在公司策略的領導下，公司必須整合企業各單位的努力。為了發揮統合的戰力，必須透過組織結構來達到整合的目的。如果公司策略是不需要整合的策略，比如，控股公司的形態，組織上各單位可以各自獨立。但通常公司策略，創造出組織與各單位間的綜效，必須透過各種形式的整合機制來實現各單位的綜效。這些整合的機制，成為設計組織結構的藍圖。所以是策略領導組織結構。

但策略並不是一成不變，策略轉折點遇到臨界點時策略需要改變，公司文化和組織結構，也要跟著改變。因此組織變革成為CEO必備的能力之一。

三、執行力和組織程序

《基礎篇》第四章介紹組織能力和組織程序，指出企業的競爭力由許多組織程序所構成。組織程序可以分為作業程序、功能程序和策略程序，環環相扣，缺一不可。組織程序就是企業千錘百鍊出來的智慧結晶。策略的執行，有賴於組織程序的良窳，如果沒有良好的組織程序，策略的執行漫無章法，到了基層七折八扣，終至化為烏有。執行力強的企業，一定會注重組織流程的管理和設計。

組織程序就是企業千錘百鍊出來的智慧結晶。

執行力就是有了策略，然後架構策略行動系統，也建立起組織結構，再來執行策略行動系統中的各項活動，每項活動也周密的設計作業程序、功能程序來執行，基本上組織的「生理」結構大抵完成，最後的挑戰就是組織「心理」層面的問題：人員和文化。

執行力和人員流程（People Process）

50和60年代，面臨生產不足，生產導向的人員成為公司的關鍵成功因素；到了70年代，油價飆高，利率高漲到20%，財務長成為公司的靈魂人物；到了80年代，PC風起雲湧，高科技當道，技術長則炙手可熱；90年代，網際網路盛行，供應鏈和消費者關係管理（SCM & CRM）成為關鍵成功因素，資訊長地位看好；到了新的世紀，世界經濟進入知識創造價值的體系，公司最重要的人才，非人事主管莫屬！因為人才才是公司長久發展的基礎，人才的吸收、培養、任用，人員的訓練流程成為公司致勝的關鍵流程。

前幾年，國內高科技廠商熱中於國外購併，殊不知國外購併是執行力要求最高的管理活動，其中所面臨的問題，均需要高超的管理能力，才能竟全功。有家IC設計廠商購併國外同業，希望能整合兩家公司的晶片設計，成為SOC（System On a Chip）。這家公司的策略正確，但購併之後，人員大量流失，新產品延遲推出，完全達不到原來的期望。由於沒有能力執行購併後高階經理的整合，所以許多公司的國外購併，均一敗塗地。所以人員流程攸關執行力的良窳。

人員流程從招募開始，公司先根據策略招募適合的人才。以微軟為例，微軟首要招募美國最優秀的軟體工程師，在每年5萬個資訊科系的畢業生中，微軟有系統的篩選出最有潛力的畢業生，邀請前來面試。除此之外，微軟看到PC的作業系統從DOS轉為 Windows，再進入到XP，每次微軟設計出的新產品，都和前一代的產品設計、想法完全不同。每一個世代的軟體工程師，都需要有創新的能力，能夠「think outside the box（打破框架思考）」。因此在面試時，微軟都會問一些很奇特的問題，例如「為何街道上的『人孔』（man hole）是圓的？」，從應徵者的回答中，淘汰多數平庸者，再挑選出最適合的人選。

在經理人員層級，微軟不相信「敗軍之將何敢言勇」，特地聘雇一些有失敗經驗的管理人員，因為微軟沒有失敗過，僱用曾經失敗的人，可以告訴他們造成失敗的原因，進而減少微軟可能失敗的機率。招募成功後，就進入培養高階經理的流程。

事實上，最重要的人員流程是高階經營團隊的產生流程。公司的經營不是獨夫制，而是由高階團隊協力負責。高階團隊人員的組成特性，必須能夠互補，有人衝勁十足、有人保守；有人是點子王、有人適合當和事佬；其中「槓子頭」尤其必要，因為槓子頭可以逼著團隊，用不同的角度來思考。

遴選CEO的流程，更是攸關公司的命運。GE的CEO產生過程，更是GE屹立百年的磐石。

GE的CEO流程

能歷經美國百年大風大浪，還屹立不搖的公司中，奇異電器（GE）是其中的佼佼者。不但常常獨占鼇頭，成為美國最令人崇拜的公司，而且是其他美國大型公司CEO的搖籃。

幾年前，CEO的傳奇人物魏許（Welsch）退休，當時有3位準接班人，在確定由44歲的Immelt接班後，另外兩位隨即離開GE。一位接任3M的CEO，隨後又擔任波音（Boeing）公司的CEO；另外一位轉任Home Depot的CEO。 因此有人戲稱，GE是製造美國CEO的機器。GE的CEO從不外求，在製造CEO的過程中，GE也同時培養了一流的管理人才，這些人才就是打造GE百年光彩的奧祕。而GE是如何做到的?

GE在1878年由愛迪生創立，1892年由卡分（Charles Coffin）繼任總經理。卡分開始建立GE績效導向的文化和管理制度。從此以後，GE以採取管理創新聞名。1930年代採取中央集權的財務控制；1950年代建構分權式的組織；1970年代實行策略規劃；1990年代邁入全球競爭，建立了百年大業；2003年，美國財富（Fortune）雜誌將卡分選為美國有史以來最偉大的CEO。

卡分的偉大在於建立GE的高階人事制度。所有GE的CEO都視培養高階管理人才為最重要的任務。CEO首先要求各級主管，從工程師和專業人員中，挑出具有管理潛力的明日之星。選出之後，這些明日之星不再由現任主管主導其職涯發展，而由CEO辦公室的人事顧問直接督導其在GE的職場生涯發展。魏許曾經說過：「我擁有這些經理人員，你們只是租用他們而已。」在GE三十萬的員工中，他親自掌控6百名高階人員的升遷和薪酬。

GE知道，詳實的績效評估是發掘人才的好方法。在評估中，強迫經理人員，列出前10%及後10%的員工，而且必須列出兩到三位，可以代替自己職務的屬下。一方面防止「組織侏儒症」；一方面找出「A」級的人才。有人說，GE瘋狂地在找管理上的明日之星。一旦被認為是明日之星，就由總部列管，負責輪調，評估績效。否則「棒打出頭人」，傑出的明日之星會被嫉才的主管埋沒。

有了人才，要有地方歷練，GE正好是高度多角化、國際化的公司。從傳統的家電業、到高科技的醫療設備，應有盡有。管理人才在不同的職位和事業部門中磨練。GE現任CEO Immelt即從工程塑膠部門，調到家電部門，最後接掌GE醫療部門。1994年GE開始CEO接班計畫，最後由44歲的Immelt接任CEO。魏許也是在45歲時接任GE的CEO。年輕的CEO衝勁十足。相較於國內的企業，除非是企業的家族成員，44歲的專業經理人員，早就在照年資排隊的浪潮中淹沒了。

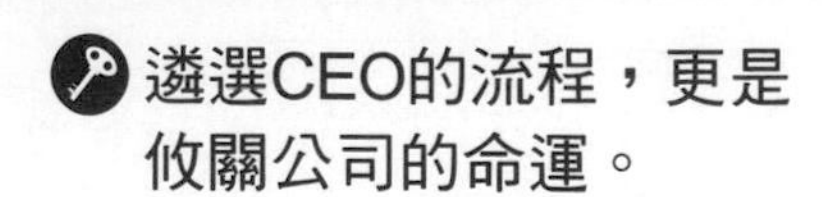

此外，GE非常重視人才的訓練，建立公司的訓練中心。魏許視訓練中心是塑造GE文化的地方，每隔兩週，

他親自到訓練中心授課。GE有名的「work out」，就是從訓練中心產生的創意。GE到3M的CEO，上任第一件事就是打造高階管理人員訓練中心。

GE的高階人員培養流程，確保GE的高階經理人才不虞匱乏，造就GE百年霸業的基礎。

培養A級人才的流程

從GE的人員培養流程看來，GE真的是在瘋狂尋找A級人才。A級人才是在公司表現排名前5%的人才。這些A級人才得之不易，必須要加以培養，才能發揮所長。當然這些A級人才也需要有不同的獎勵。例如Samsung有1.5%的員工，可以拿到同級員工3倍的薪水，這種做法在國內的環境下，很難做到。結果造成A級人才出走，另創新公司，和原來的東家競爭。

> 對A級人才的毒害，還有「組織侏儒症」。

對A級人才的毒害，還有「組織侏儒症」的情形。所謂「組織侏儒症」指的是組織中的主管，因為擔心被下屬取代，所以僱用的下屬，能力一定會比自己差。總經理雇用的副總，一定比他差；副總雇用的協理，又比他差。一層一層經理才能的落差，組織最後便充斥了才能平庸，只能勉強滿足職務需求的經理。在中國大陸，稱之為「武大郎開店」，意指高個兒的都當經理，開店的只有身長不滿五尺的武大郎。

在組織侏儒症下，A級的人才無法脫穎而出。要解決這個問題，GE的做法是將A級的人才，由總經理室接管，避免其單位主管的掣肘。台灣中華汽車的作法是在評估主管的升遷時，先評估其部屬，能否接任主管的工作，如果沒有任何一位部屬有能力取代主管，這位主管即不得升遷。這樣的做法，會逼得主管找到能夠勝任其職位的下屬，可以避免組織侏儒症。

四、執行力的文化

執行力的關鍵在於透過組織，影響人的行為。譬如台塑企業，有5萬名員工，如果每一位員工，每天能多花10分鐘，替企業想想如何改善工作流程，將工作做得更好，老闆交代的事，自然能夠徹底執行。但問題是如何讓員工心悅誠服地自願多用心，將工作執行得更好？關鍵就在文化、用人、和組織程序。

組織要有執行的文化，執行的文化就是用心和速度的文化。但很多組織充滿了thinkers，對於公司決策，不是打折扣，就是找理由推說困難，無法確實達成目標。再不然，就是不用心思考如何照顧細節，不講究速度、細節和紀律。執行力強的公司員工，用心的程度極高，就算是二流人才，努力用心，也可以迎頭趕上一流人才的公司。

此外，**有執行力的公司，一定有追根究柢的文化**。企業問題層出不窮，下焉者，躲避問題，等到問題更大時，才來解決；中焉者，解決表面的問題；上焉者，找出問題的根源，再依次解決。豐田汽車的員工，遇到問題時，一定要問「5」個為什麼？如此才能找出問題的根源。

執行的文化，就是用心和速度的文化。

要培養執行力的文化，公司執行長不能像是《從A到A+》中無為而治、群龍無首的執行長，而要親身參與公司的運作，對於公司營運的細節，了解得愈多愈好，國內成功企業的執行長，無一不是對自身業務知之甚詳。

此外，最重要的是將公司的獎勵制度和執行力連結起來。假設公司將經理人員的執行力分為A、B、C三級，接下來，公司一定要破除情面，拉大三者間的獎賞級距，這樣才能培養出有執行力的文化。然而，大多數公司的老闆，礙於人情，獎賞都是依憑老闆個人的好惡，久而久之，員工只知巴結上級，忽視績效，執行力也大打折扣。

豐田的策略很簡單，就是生產好的汽車。但能做到世界第一靠的就是執行力的文化。

豐田汽車的執行力文化

筆者過去在麻省理工學院（MIT）念管理博士時，替教授做的第一個研究計畫，就是美國汽車業衰落的研究。從那時起，就對豐田汽車的崛起，產生莫大的興趣，不知道豐田汽車，憑什麼能贏過美國老字號的百年汽車。於是決定從豐田汽車的管理著手研究。

「管理」基本上有三個層面，最簡單的是「管理技術」。比如，如何作好現金流量管理、員工考勤制度等；再上一層的是「管理知識」。例如，行銷管理、生產管理等知識；最上一層的是「管理邏輯」。管理邏輯就是企業最高層的經營理念、文化、價值，足以指導企業所有決策的原則、標準。

每一階層的管理能力，有高竿和低竿之分。高竿的管理技術是6個標準差的實踐；低竿的管理連存貨有多少，都算不清楚。高竿的管理知識是將知識管理作好；低竿的管理知識，連ROI都不會算。高竿的管理邏輯是以文化、價值作為管理信念；低竿的管理邏輯，是以壓榨員工，只會用錢買人，為獲利的本錢。

「精實」就是實實在在地與時俱進。

豐田汽車當然是世界最高竿的公司，在管理邏輯、管理知識、和管理技術上都有獨步全球的做法。但一般談豐田式的管理，均著重在管理技術層面，鮮少談及豐田的管理邏輯。事實上，豐田管理最大的貢獻，在於其管理哲學和組織文化。**偉大的公司，一定有偉大的管理邏輯，和獨特的文化**，豐田汽車就是最佳的例證。

豐田汽車經營的原則，就是「精實」。而「精實」就是實實在在地與時俱進。說起來簡單，做起來卻有層次高低之別。高明的公司，拳拳服膺豐田的經營哲學，再將作業流程、人員流程統統轉移。中階者，學到豐田的實務、做法，但缺乏豐田的哲學；低階者，只學學豐田的口號，皮毛式的實施一些豐田的做法，但行之不久，就執行不下去。

從表面看起來，豐田管理的特色是注重細節、長期投資理念、追根究柢、團隊精神、以顧客價值為導向等的「口號管理」。深入而言，豐田是以程序為主的組織。

企業能夠永續經營、成長、獲利、提高公司價值，採取的策略一定是企業本身的能力與條件，能和競爭生態配合。以前認為產業的結構，會保護產業的利潤，企業只要配合產業的競爭生態策略，即可高枕無憂，享受產業結構帶來的高利潤。近年來，策略管理的思維，集中在企業自身的條件，認為要基業長青，刨根問底，還是根植企業的能力，是否能勝過對手，唯有勝過競爭者，企業才能維持其競爭優勢。而企業的能力來自於組織程序（processes），企業透過組織程序，將企業的資源，如人力、財務資源，轉換成組織的能力。因此，組織程序成為企業競爭力的決定因素。

組織程序指的是，企業內正式或非正式約定俗成的做事方法。企業透過一系列的活動來創造價值。組織程序就是進行這些活動的方式。例如，組織必須要做售後服務的活動，以賺取顧客的終身價值。如何做售後服務是一個過程，服務人員如何回答顧客的抱怨，又如何對顧客進行技術指導，這一套套的過程，成為豐田精實的實踐基礎。這些過程，可以是明文規定的標準作業程序，也可以是固定習慣的做法。當這些環環相扣的程序，形成一套制度後，組織的能力和績效於焉產生。例如，豐田開發新車的流程，從旅行美國五十州開始，以程序為主的組織，蔚然成為策略執行的利器。

豐田開發新車的流程，從旅行美國五十州開始。

豐田就是利用程序，培養組織能力，成為長期競爭優勢的基礎，這就是CEO的主要任務。

只有環環相扣的程序並不夠，程序的培養、改進，還需要組織文化的支持，組織文化，就是將員工上下相黏（bonding）的理念和價值觀。

企業創業時，一定是由一群創業夥伴開始，這一批創業團隊，自然形成一些堅不可摧的價值觀，例如節省、勤勞、樸實。在雇用人員時，也會以這些價值觀，評鑑員工的良窳，久而久之，只有認同這種價值觀的員工會留下來。企業競爭的環境，如同生物界般物競天擇，公司必須要發展出一套套做事的方法，這一套套的程序，勢必要接受市場的考驗，不適合的公司即遭淘汰，能通過考驗的公司，將成功的經驗加以精鍊，形成新的文化和慣例。

組織也有成長的壓力和動機，當創業團隊在市場上，獲得初步的成功，公司開始擴張，和生物以DNA複製自己一樣，公司擴張時，也將原來的一套文化和慣例加以複製。企業的DNA就是企業的文化和流程。豐田汽車能夠打敗天下無敵手，就是因為豐田的DNA：文化和流程。由豐田的文化和流程所創造出的品質和成本，形成對手無法模仿的壁壘。

企業的DNA就是企業的文化和流程。

豐田文化最可貴的是追根究柢的精神。有問題產生，一定要問5個深入的「為什麼」，因為要追根究柢，所以要「現地現物」。在現地現物的觀察下，再進行「精實」，不斷的改善流程，減少浪費。一輛汽車有一萬個零件，每個零件平均要100個流程，於是就有一百萬的流程空間，可資改善。汽車廠間的比較在於誰有能力改善最多的流程，在管理上最大的挑戰，就是如何讓「每一位」員工都用心，全心全力的進行精實的改進。這歸因於豐田的領導管理哲學，參與式管理、尊重個人、替員工著想、聘雇流程，在在顯示，豐田汽車並不是一家以賺錢為唯一目標的公司。

豐田採取利害關係人（stakeholders）的觀念經營公司，這和資本主義，股東利益極大化互相衝突。如果公司追求股東利益極大化，在景氣不好時，公司裁員、節省成本、增加利潤、股價上漲。因此在景氣不好時裁員是天經地義的事。這種思維，忽視勞動契約是無法考慮所有情況的契約（incomplete contract），因此員工替公司做事，還需要一些潛在的默契（implicit contract），來彌補正式契約的不足。努力工作的員工不應被解雇，是屬於廠商、員工間的潛在合約，員工才會努力貢獻。但裁員破壞了潛在的默契，對公司長久的發展，有不良的影響。豐田從永續經營的角度來思考，認為不能只追求股東利益極大化，還需要照顧供應商和員工的利益。由於有長期的潛在默契，供應商和員工才會投資自己，最後創造供應商、製造商、員工三贏的局面。

豐田的執行力，講究透過追根究柢的精神，進行全員學習，思考如何精進，從下而上，滴滴點點透過建議制度，逐步改善，而且數十年如一日。經過多年的努力，當然比無法孜孜矻矻追求改善的公司進步，當然能遙遙領先對手。這種堅持，是最難學習模仿的，也是執行力精實的成果。

一般公司認為，只要想出一個藍海策略，就可以長治久安，因此貪圖短期利潤。殊不知公司長期經營，要靠文化、管理哲學才能基業永固。而公司文化、經營模式、經營流程、人員流程，全部環環相扣。因此要移植豐田制度，必須整套轉移，如果只移植生產流程，忽略價值工程，也沒有與時俱進的精神和工夫，移植是不可能成功的。

豐田式的管理，和一般管理教科書有不同的想法。例如，管理學者鄙視的「眼球管理」（eyeball management）、走動管理、事必躬親的微型管理（micro management），在豐田卻奉為圭臬：現地現物。究其道理，豐田的文化要從上到下，一以貫之，時時精進，必須要從現場的操作開始，高階主管也得捲起袖子，了解基層的作業，否則無法問出好的問題。但這樣的做法，無異累死老闆。然而豐田的高階主管，卻甘之如飴，顯然有過人之處。

公司長期經營，要靠文化、管理哲學才能基業永固。

五、策略與執行力

策略要發揮作用，一定要靠策略的執行力，但執行力不彰的現象，在國內的公司屢見不鮮，是大多數組織的通病。常常可以聽到公司的CEO抱怨，上情不能下達，策略執行上東折西扣。但國內有些公司，對付執行力不佳的症狀，施行恐怖管理（management by fear）。

這些公司，先設定了較高的目標，然後只問目標、不問手段，將無法達到目標的經理，無情地開革，心裡打的算盤是反正想升官的人比比皆是。結果經理人員每天戰戰兢兢，活在老闆給的壓力下。這種恐怖管理，雖然可以在短期內提升執行力，但是老闆絕對需要事必躬親，老闆一旦不在，員工的執行力立即打折。在這類公司中，通常老闆集策略和執行力於一身。換言之，老闆的執行力，就是組織的執行力。

相對的，能夠長久經營的公司，莫不建立執行力文化、建立策略，再將策略細緻的劃分為策略行動系統，建立組織結構，培養管理才能，選才適所，繼而建立以流程為基礎的組織，尤其是高階管理人員的建立流程，才能維持長久的組織執行力。策略、文化、組織、高階管理團隊，缺一不可，其實，這就是許多國內企業，無法躍上國際舞台的真正原因。

其實執行力的道理都淺顯易懂，但是知易行難。能否做得到，正是高階經理人員的挑戰。

1. 企業的成功，30%靠策略，40%靠執行力，其他30%呢？或許是運氣。

2. 策略容易模仿，執行力卻極難仿效。

3. 組織和策略的關係是：策略決定組織結構。

4. IBM的策略設定成以主機為主的完整解決方案供應商。組織結構上，必須要維持總公司的形態。

5. 組織結構的設計就在於如何分工和整合。

6. 多角化公司應該採用事業部的組織和以總管理處進行整合。

7. 組織程序就是企業千錘百鍊出來的智慧結晶。

8. 遴選CEO的流程，更是攸關公司的命運。

9. 對A級人才的毒害，還有「組織侏儒症」。

10. 執行的文化，就是用心和速度的文化。

11.「精實」就是實實在在地與時俱進。

12. 豐田開發新車的流程，從旅行美國五十州開始。

13. 企業的DNA就是企業的文化和流程。

14. 公司長期經營，要靠文化、管理哲學才能基業永固。

MEMO

重要名詞索引——英中對照

A

B

C

F

G

H

I

J

K

L

M

N

O

P

R

S

T

V

W

重要名詞索引——中英對照

六劃

七劃

八劃

九劃

十劃

十一劃

十二劃

十三劃

十四劃

十五劃

十六劃以上

MEMO

MEMO

MEMO